JN081256

おとな
数学塾
中島隆夫

ぱる出版

はじめに

分数の割り算ではなぜ割る数の逆数をかけるのか

分数の割り算はなぜ分子と分母をひっくり返してかければよいのか疑問に思われたことはありませんか？　映画「おもひでぽろぽろ」ではこれが全編を貫くテーマの１つとなっていました。私には納得するまで前に進めない主人公の生き方を表現していたように思えましたが…。

ではなぜ分数の割り算は逆数をかければいいのか
速さ、時間、距離で考えてみましょう。
100 m の距離をジョギングするのに20秒かかったとします。
１秒間に何 m 進んでいるでしょうか？
100 m÷20秒 ＝ 5 m/秒
この 5 m/秒というのは１秒あたりに進む距離を表しており
これが秒速 5 m という速度になります。
速度は１秒あたり、とか１時間あたりに進む距離を表しています。
１秒、１分、１時間、といった単位量あたりの距離を求める割り算を使って分数で割ることの意味を考えてみましょう。
カメが歩いていて１m 進むのに30秒つまり $\frac{1}{2}$ 分かかるとします。
このカメは１分で何 m 進むでしょうか？
１分なら 2 m ですね。分速 2 m の速度です。ここでは進んだ距離 1 m と $\frac{1}{2}$ 分の両方を２倍して「１分あたり」の距離を求めています。

速度を求める式は「距離÷時間」ですから

$$1\div\frac{1}{2}=(1\times2)\div\left(\frac{1}{2}\times2\right)=(1\times2)\div1=1\times2$$

つまり

$$1\div\frac{1}{2}=1\times2$$

となり、$\frac{1}{2}$で割ることは$\frac{1}{2}$の逆数2をかけることと同じ結果になります。

次に12 m 走るのに$\frac{3}{4}$秒かかったとしてその速度を求めてみましょう。
距離÷時間を計算すると

$$12\div\frac{3}{4}$$

ですが、この場合も1秒あたりに進む距離を求めればいいので
割る数を1にするため$\frac{3}{4}$に$\frac{4}{3}$をかけます。同時に12にも$\frac{4}{3}$をかけます。

$$12\div\frac{3}{4}=\left(12\times\frac{4}{3}\right)\div\left(\frac{3}{4}\times\frac{4}{3}\right)$$

$$=\left(12\times\frac{4}{3}\right)\div1$$

÷1は省略して

$$=\left(12\times\frac{4}{3}\right)$$

したがって

$$12\div\frac{3}{4}=12\times\frac{4}{3}$$

このように分数で割るときはその逆数をかければよいことがわかります。
速度でなくても単位あたり量を求める例を使えば同じように考えることができます。

単に「割る数の逆数をかければよい」とやり方だけを覚えて計算だけできるようになっても数学は楽しくないでしょう。この本は有名な公式や概念がうまれてきた数学史的な背景からはじめ、その意味を理解できるようになることを狙いとしています。
また最後には東京大学の入試問題をおきました。読み終えた後に力だめしとして楽しんで頂きたいと思います。
私は、長年、公立中学校で数学の教師を勤め、「楽しい授業の実践」を目指してきました。そして退職後は市民向け数学講座を始めました。社会で様々な体験をしてきた方々になら、中学生以上に数学を学ぶことの値打ちを深く伝えられ、ともにその世界を楽しめるのではないかと考えたからです。実際、参加者から「学生時代にこの楽しさに気づいていれば」とか「もっと数学を勉強してみたくなった」といった感想が寄せられました。その後も積極的に学ぶ受講生の方々から刺激を受け、実践したことを本にまとめることを思い立ちました。
本の中でも触れましたが、江戸時代には数学は、商業や土木、建築に必要な実用的側面が重宝されただけでなく、俳諧、謡等と同様の習いごとでもあり、また囲碁や将棋を楽しむような娯楽の側面を強く持っていました。階級に関わらず庶民が数学を楽しむ文化があったのです。このことが結果的に、明治になって西洋の科学技術を苦も無く受け入れ発展させることにつながりました。
忙しい現代にあっても「数学を楽しむ」というコンセプトを私は大切にしたいと思います。数学は自然の真理と深いところでつながっていると感じます。芸術や自然に触れる中で豊かな感性を磨き上げると同じように、数学を学ぶことで人生に新たな発見があるのではないでしょうか。
この本によって、学生時代には気づかなかったかもしれない古の数学者の偉大なアイデアを味わってみていただきたいと思います。
さあ、ご一緒に始めていきましょう。

中島隆夫

おとな数学塾
もくじ

はじめに　分数の割り算ではなぜ割る数の逆数をかけるのか　2

0 時間目
なぜ負の数×負の数は正の数になるのか……9
なぜ負の数×負の数は正の数になるのか　10

1 時間目
なぜ文字式は便利なのか……13
円の面積はなぜ円周率×半径×半径？　14
なぜ文字式は便利なのか　16

2 時間目
因数分解って役に立つの？……21
まずは文字式の展開をおさらい　22
展開の公式って何だっけ？　24
いよいよ本丸・因数分解とは　26
共通因数でくくる因数分解　27
因数分解の公式もあったよね　28

3 時間目
素数の不思議……31
いろいろな素数のお話　32
素因数分解とは　35
素数は無限に存在する！　37

4 時間目

平方根って何？……41

ずばり平方根とは　42

知っておくと便利な平方根の値　43

有理数と無理数についても知っておこう　44

鳩ノ巣原理って何？　48

5 時間目

方程式の威力……51

方程式を天秤で考える　52

方程式を解いてみよう　54

6 時間目

方程式の威力
連立方程式……61

連立方程式とは　62

連立方程式を解いてみよう　63

7 時間目

方程式の威力
２次方程式……69

２次方程式とは　70

２次方程式を解いてみよう　71

解の公式って何だっけ？　78

因数分解を利用して２次方程式を解こう　82

恒等式についても知っておこう　86

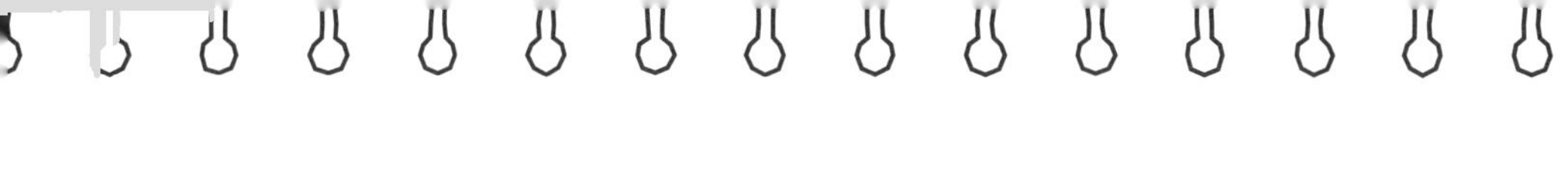

関数なんかこわくない……89

関数とはどういうもの？ 90
比例関数とは何か 95
グラフをかいてみよう 98
反比例関数とは何か 99
グラフをかいてみよう 101

関数なんかこわくない　１次関数……105

１次関数とは何か 106
変化の割合って何だっけ？ 107
グラフをかいてみよう 109
連立方程式をグラフを使って解こう 112
連立方程式を解いて２直線の交点の座標を求めよう 113

関数なんかこわくない　２乗に比例する関数……119

２乗に比例する関数とは何か 120
グラフをかいてみよう 122
変化の割合って何だっけ？ 126
知っているとカッコイイ微分とは 127

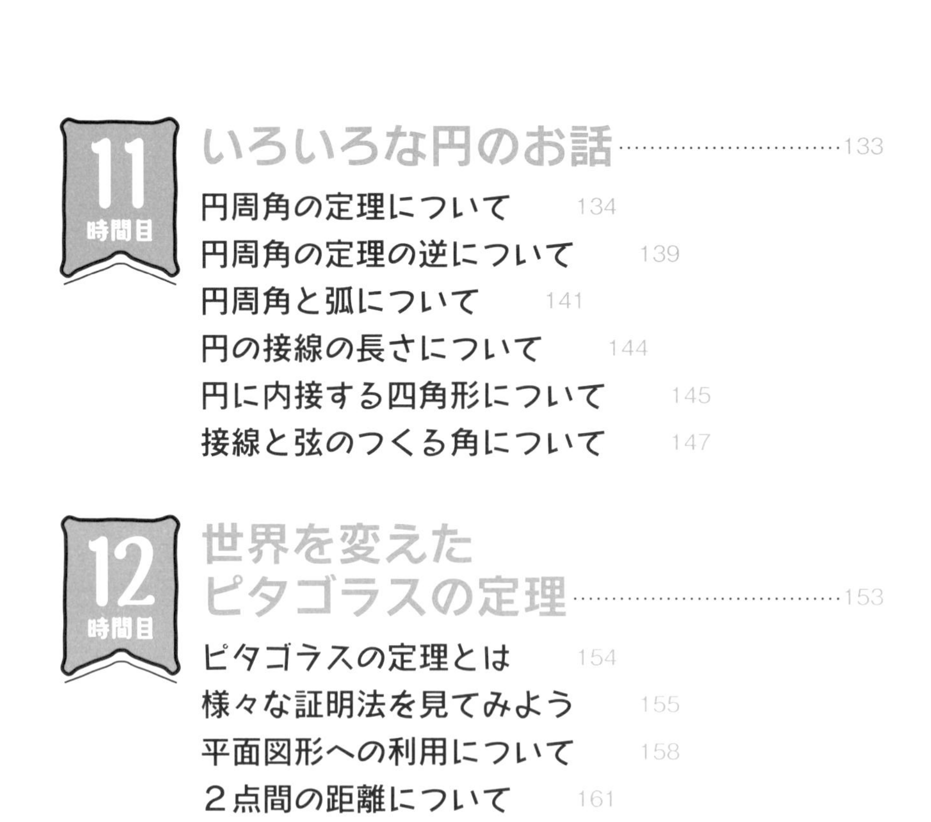

11時間目 いろいろな円のお話 …… 133
円周角の定理について 134
円周角の定理の逆について 139
円周角と弧について 141
円の接線の長さについて 144
円に内接する四角形について 145
接線と弦のつくる角について 147

12時間目 世界を変えたピタゴラスの定理 …… 153
ピタゴラスの定理とは 154
様々な証明法を見てみよう 155
平面図形への利用について 158
２点間の距離について 161
空間図形への応用について 162
円錐・角錐の体積と表面積について 163

おわりに 173
索引 174

なぜ負の数×負の数は正の数になるのか

なぜ負の数×負の数は正の数になるのか

なぜ負の数×負の数は正の数になるのか

なぜ負の数×負の数は正の数になるのか

東西にのびる道を２m/秒の速度で走るネコさんに登場してもらいましょう。

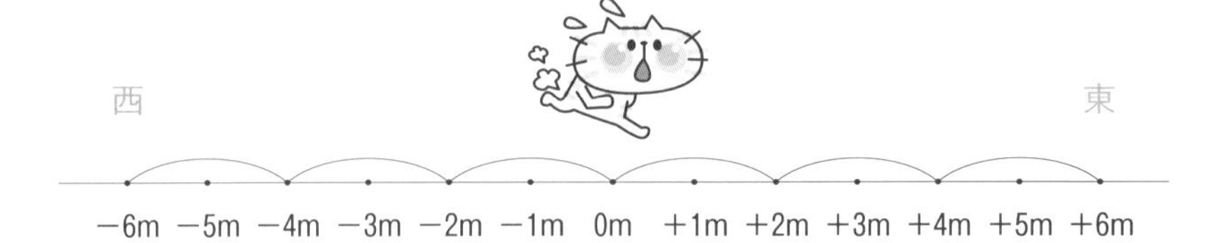

まず東（＋の方向）に向かって走り続け、今、地点０を通過しました。
今から３秒後と、３秒前にはニャンコはどの地点にいるでしょうか？
この東西の移動をもとに、正負の数の掛け算を考えてみましょう。
東に向かうときの速度は＋２m/秒とします。
３秒後は＋３秒、３秒前は－３秒と考えると
３秒後の位置は
(＋2) m/秒×(＋3) 秒 ＝ ＋6 m（地点０から東に６mの位置）
３秒前の位置は
(＋2) m/秒×(－3) 秒 ＝ －6 m（地点０から西に６mの位置）
次は西（－の方向）に向かって走ってもらいましょうか。お疲れ～
この場合は速度の向きが変わるので－２m/秒とします。

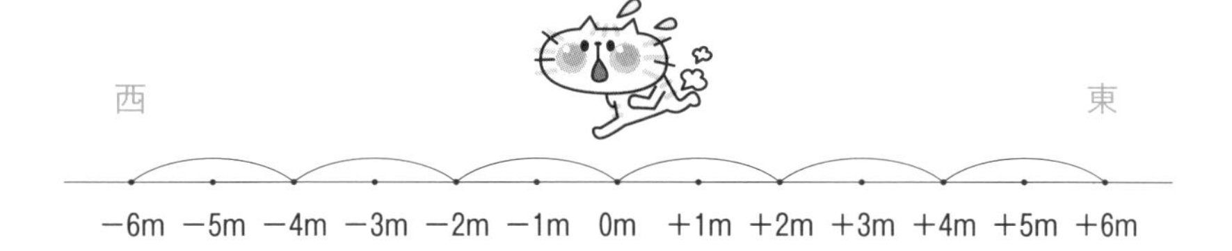

正負の数の歴史

中国の『九章算術』（紀元前１世紀から紀元後２世紀の間に書かれたといわれる数学の本）には「正を無入（０のこと）から引いて負とし、負を無入から引いて正とする」という記述があって、著者は明らかに正負の数の概念を持っていたことがわかります。紀元後７世紀ごろに書かれた古代インドの『バクシャーリー写本』にも負の数が登場します。

ヨーロッパでは数学の暗黒時代が続いていた７世紀、インドでは負の数は負債を表すために使われていました。

インドの数学者ブラーマグプタは『ブラーフマスプタ・シッダーンタ（628年）』（かみそうな名前ですが…）において、今日も使われている２次方程式の解の公式を発見する過程で負の解を発見し、負の数とゼロがかかわる演算に関する規則も与えています。彼は正の数を「財産」、負の数を「借金」と呼んでいました。

もちろん彼は実際の「財産」や「借金」を数学的な概念に変えて使っていたと思うのですが、こういった用語はイメージがわかりやすい反面、数学的な発展にはかえって邪魔になるのではないでしょうか。例えば乗法だと「借金」×「借金」＝「財産」では具体的なイメージがかえって邪魔しそうです。

８世紀以降、イスラム世界はブラーマグプタの著書のアラビア語訳から負の数を学んで、紀元1000年頃までには、アラブの数学者は借金に負の数を使っていました。

負の数の知識は、最終的にアラビア語とインド語の著書のラテン語訳を通してヨーロッパに到達し、フィボナッチは、『算盤の書』（1202年）の第13章で負の数を負債と解釈し、別の著書『精華』で損失と解釈して金融問題において負の解を認めていました。商業的発展と負の数の導入は結びついていました。

さて日本では、九章算術は平安時代に日本に渡ってきましたが、いつしか忘れ去られ、江戸時代に入ってから再び伝来しています。江戸時代初期（17世紀）にはすでに正負の数の概念は定着していたようです。

３秒後の位置は

(-2) m/秒×$(+3)$秒 ＝ -6 m（地点０から西に６ｍの位置）

３秒前の位置は

(-2) m/秒×(-3)秒 ＝ $+6$ m（地点０から東に６ｍの位置）

つまりこれが負の数 × 負の数が正の数になることの説明です。

もう１つ数学上の解釈を紹介しておきます。

数学ではある数に（－１）をかけるということは、数直線上で180°回転させることを意味します。複素数を勉強すればこの意味がもっとはっきりします。

＋２を、原点を中心に180°回転させると－２になりますね。

$$(+2)\times(-1) = -2$$

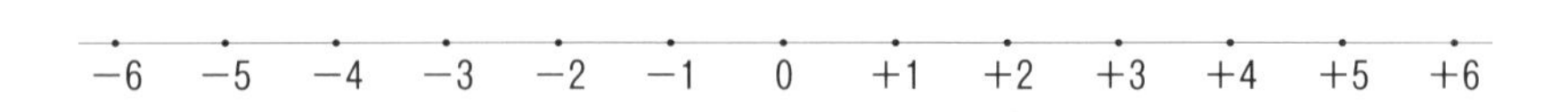

次に－２を原点を中心に180°回転させると＋２になります。

$$(-2)\times(-1) = +2$$

つまり、負の数×負の数は正の数になるというわけです。

なぜ文字式は便利なのか

円の面積はなぜ円周率×半径×半径？
なぜ文字式は便利なのか

なぜ文字式は便利なのか

➡ 円の面積はなぜ円周率×半径×半径？

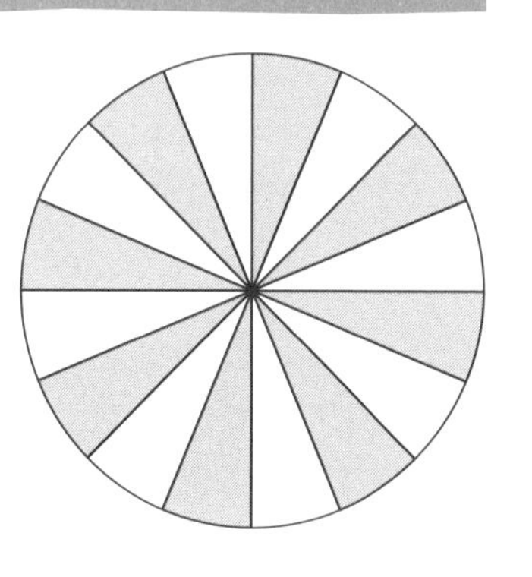

円の周の長さと直径の比つまり
円周÷直径の値を円周率といいます。
円周率は3.1415926535…
と永久に続く数であることがわかっていて、
これをπというギリシャ文字で表します。
円周はl　半径（radius）はrという文字で
表すので直径は$2r$（半径の2倍）
したがって

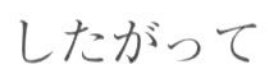

$$\frac{l}{2r} = \pi$$

円周を求める式に直すと

$$l = 2\pi r$$

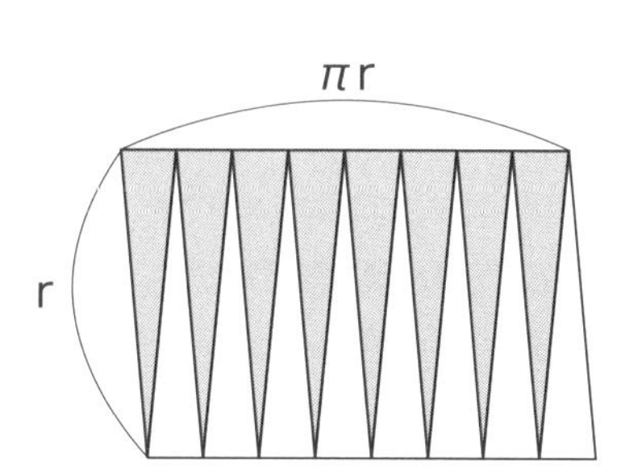

次に円の面積の公式を求めましょう。
ピザを切る要領で円を扇形に切りわけ
次にその細かく切った扇形を互い違いに並べ替えます。
そうすると平行四辺形ができます。底辺がぼこぼこしているようですが、
数学上いくらでも細かく切れるので、これは直線にいくらでも近づける
ことができます。

そうすればこの平行四辺形の高さは円の半径と等しく r
底辺は円周の半分で πr です。
平行四辺形の面積は底辺×高さですから

$$\pi r \times r$$

となり $S = \pi r^2$ という円の面積の公式ができます。
S は面積を表しています。

文字式の歴史

数学に文字式が登場したのはそれ程古いことではありません。文献として残されている一番古いものは、3世紀、アレキサンドリアで活躍したと伝えられているディオファントスによる「数論」という本です。この本では、方程式が文字を使って表されています。しかしながらディオファントスの文字式は、それ以降、使われることはありませんでした。次に歴史に現れるのは、5世紀インドのブラーマグプタです。彼は色の名前を使って未知数を表し、連立方程式を解きました。彼の文字式は12世紀のバースカラに引き継がれて使われましたが、インドではその後、大きな発展はなかったようです。今の数式のようなかたちで文字を本格的に使ったのは「代数学の父」といわれる16世紀フランスの数学者ヴィエト（1540～1603）です。

ただヴィエトもまた、ギリシア時代からの、a を線分の長さとすると a^2 は面積、a^3 は体積であるから、$a^3 \times a^2$ は意味を持たない、という考えから脱却できませんでした。

これを断ち切った人がフランス生まれの哲学者で数学者のデカルト（1596～1650）です。彼は単位の長さ1と比例を導入することで、何乗の量でも直線上の長さとして表すことができるとしました。数を面積や体積などの数量からいったん切り離すことは、数学の計り知れない発展につながっていきます。

日本では関孝和（1642?～1708）が、方程式の変数を文字で表す点竄術を開発しました。

関孝和は、1674年にこの点竄術を「発微算法」に著し、その後の和算の高度な発展に貢献しました。この他にも微分積分や円周率の計算法などに力を入れていました。微分積分に関しては、イギリスのニュートンやドイツのライプニッツとほぼ同時期に、その確立の一歩手前までできていたともいわれています。

なぜ文字式は便利なのか

球の周りの縄の長さ

例えば次のような問題を考えてみましょう。
地球を完全な球として赤道の地上１ｍのところに縄を張ったとき縄の長さは地球の周囲より何ｍ長くなるでしょうか（円周率を3.14として）。

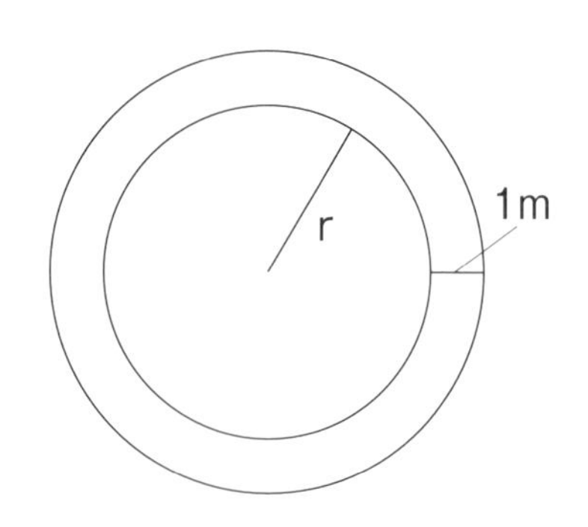

縄の長さは、半径 $r+1$ の円周ですから

$2\pi(r+1)$ …①

赤道の長さは

$2\pi r$ …②

求める答えは①－②です。

$$2\pi(r+1)-2\pi r = 2\pi r+2\pi-2\pi r = 2\pi$$

$$2\pi = 2\times3.14 = 6.28$$

r は消えてしまい、6.28（m）が解答です。

地球の半径がわからなくても、縄の長さが地球の周囲より何ｍ長いかを求めることができ、しかも、地球でなくて月でもゴルフボールでもサッカーボールでも同じ結果になることがわかります。これは文字式の威力を示す１例です。
もういくつか文字式が便利である例を示し、和算の問題に挑戦してみましょう。

多角形の内角と外角

３つ以上の線分（２点を結ぶ直線）で囲まれた平面図形を多角形、あるいは多辺形といいます。線分の数によって、三角形、四角形などと呼びます。

さて三角形の内角の和は180°でしたが、四角形、五角形となっていくとどうなるでしょうか。四角形は対角線によって三角形２つに分けることができます。

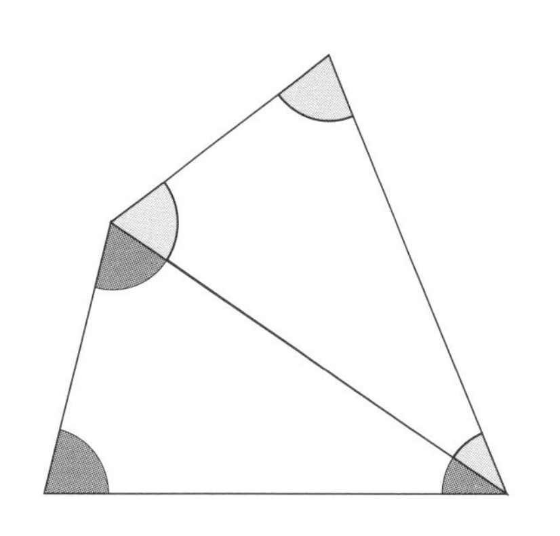

図からも四角形の内角の和は180°×2 ＝ 360° であることがわかります。

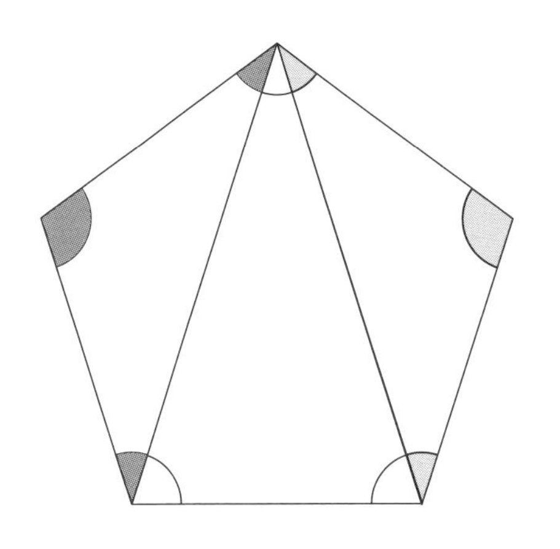

では五角形ではどうでしょうか。やはり１つの頂点から引いた対角線によって三角形に分けてみます。

今度は３つの三角形に分けられ内角の和は 180°×3 ＝ 540° になることがわかります。

同じように考えて表を完成してみましょう。

次の表は、四角形や五角形でやったように、多角形を１つの頂点から引いた対角線によって三角形に分け、内角の和を調べたものです。
同じように考えて、表を完成してください。

	四角形	五角形	六角形	七角形	八角形	…	n 角形
辺の数	4	5	6				
三角形の数	2	3	4				
内角の和	180°×2	180°×3	180°×4				

n 角形は１つの頂点から引いた対角線によって $(n-2)$ 個の三角形に分けられるので次のことが成り立ちます。

n 角形の内角の和は

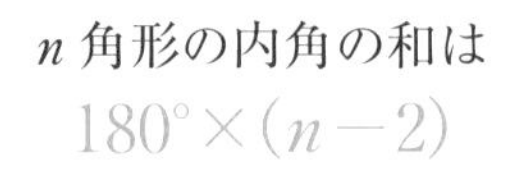

180°×$(n-2)$

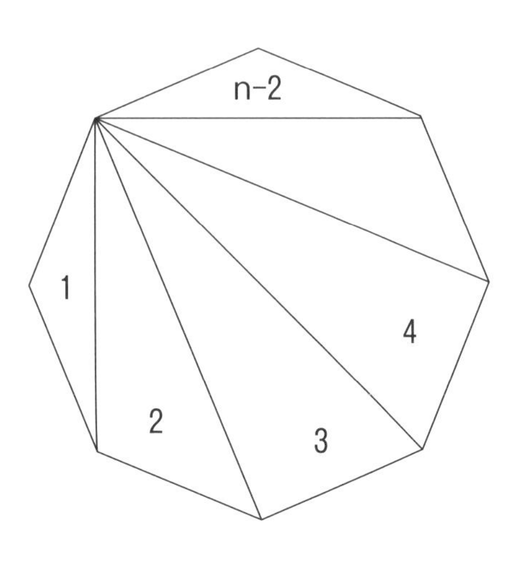

この式があれば100角形でも1000角形でもその内角の和を求めることができます。
さらに発展させて次の問題をやってみましょう。

問題に挑戦

半径がすべて同じrである連結するn個の円の中心が、辺の長さが$2r$である多角形の頂点をなしているとき、この多角形により分けられた連結円の内側の面積をS_1とし、外側の面積をS_2とするとき

$S_2 - S_1 = 2\pi r^2$

を示しましょう。つまり

（白い部分の面積の和）－（青い部分の面積の和）＝（２円分の面積）

であることを示してください。（群馬県榛名神社にある算額の問題より）

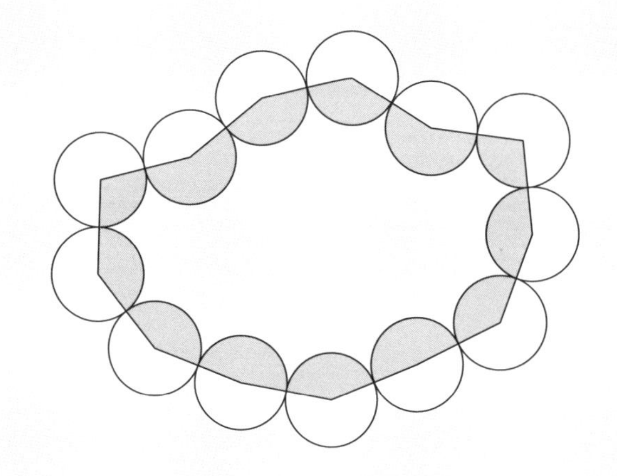

（解説）四角形と円４つで考えてみましょう

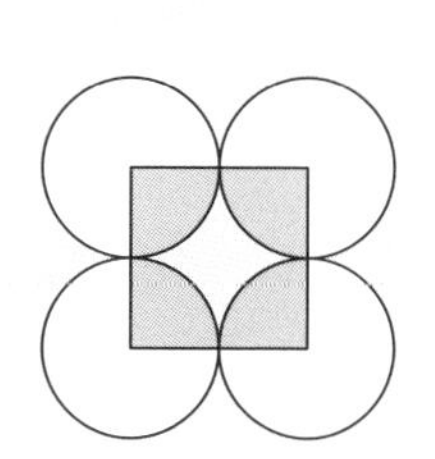

４円の中心にできる角の和は$360° \times 4$

四角形の内角の和は$360°$

だから白い部分の中心の周りの角の和は

$360° \times 4 - 360° = 360° \times 3$

（白い部分の角の和の合計）－（青い部分の角の和の合計）

$360° \times 3 - 360° = 360° \times 2 = 720°$

これはどんな多角形（三角形、四角形、…）でも成り立ちます。

円１個分の中心の周りの角は$360°$です。図でつながっている円の数を

n 個とすると

その角を全部合わせれば $360^\circ \times n = 360n^\circ$

(外側の白い部分の角度の合計)

＝(円個 n 個分の角度の合計)－(青い部分 ＝ n 角形の内角の和)

$= 360n - 180(n-2) = 360n - 180n + 180 \times 2 = 180n + 360$

次に

(外側の白い部分の角度の合計)－(青い部分の角度の合計 ＝ n 角形の内角の和)

$(180n + 360) - 180(n-2) = 720$

地球と縄の問題で半径 r が消えたように文字 n が消えてしまいました。

つまり円が何個つながっていたとしても、

(外側の白い部分)－(内側の青い部分 ＝ n 角形の内角の和)

は720°つまり２円分であるというわけです。

算額とは

もともと数学は、様々な国で、天文、暦、田畑の測量、建築、土木、金利計算など、実生活への必要性から発展してきました。したがって古代から現代に至るまで、数学の専門家以外の一般の人々にとっては、数学の勉強＝実用性、というのが普通の考え方です。しかし、日本の江戸時代に限っては、そういった実用に使われる数学や専門の数学者による真理探究の数学以外に「俳諧」や「謡」と同種の習い事（教養）としての、または「囲碁」や「将棋」と同様、娯楽としての数学が存在していました。

江戸時代から明治初期にかけて、数学者も町や村の数学愛好家たちも、問題が解けたり、素敵な問題を考えついたりしたとき、感謝と喜びの気持ちを込めて数学の問題をかいた絵馬である算額を神社仏閣に奉納しました。数学の問題を解くことが江戸時代から明治初期にかけて国の文化になっていたことがわかります。

本書では、算額の問題のうちあまり難しくないものを選びいくつか紹介します。

ただし、問題文は現代文にかえ、単位は寸とかではなく cm になおしています。

2時間目

因数分解って役に立つの？

まずは文字式の展開をおさらい
展開の公式って何だっけ？
いよいよ本丸・因数分解とは
共通因数でくくる因数分解
因数分解の公式もあったよね

2時間目

因数分解って役に立つの？

まずは文字式の展開をおさらい

因数分解なんて何の役に立つのだろうと思われたことはありませんか？
この章では因数分解について述べてみたいと思います。
まず準備として文字の展開を思い出してみましょう。
$3a+2b+c$ という式では $3a$、$2b$、c が $+$ でつながっていますが、この $3a$ と $2b$ と c をそれぞれ項といいます。
$3x$ のように項が1つだけの式を単項式、2つ以上項のある式を多項式といいます。
今から単項式と多項式をかけるにはどうするか説明しましょう。

単項式×多項式

$2a(b+5c)$ を計算してみましょう。

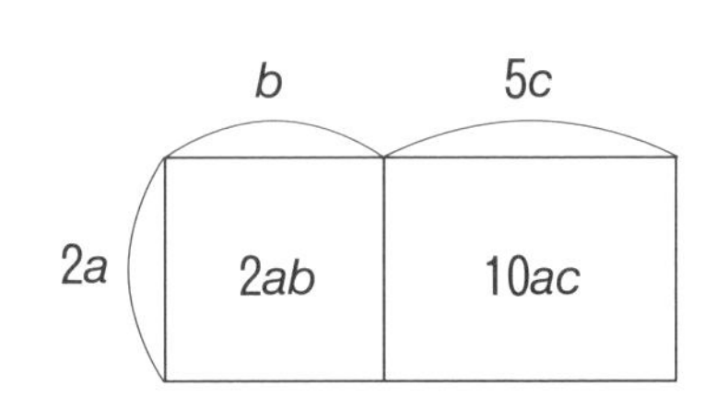

$$2a(b+5c) = 2a \times b + 2a \times 5c$$
$$= 2ab + 10ac$$

(文字式の乗法では式が煩雑にならないようにするため×を省略します。)
というように分配法則を使って、計算します。
次に多項式×多項式を説明しましょう。

多項式×多項式

２つの多項式 $a+b$ と $c+d$ の積、$(a+b)(c+d)$ は、分配法則を使って、次のように計算することができます。

$c+d = M$ とおいて

$$(a+b)(c+d) = (a+b)M$$
$$= aM + bM$$

M を元に戻して

$$= a(c+d) + b(c+d)$$
$$= ac + ad + bc + bd$$

単項式と多項式の積、あるいは多項式と多項式の積の計算をして単項式の和の形に表すことを、元の式を**展開する**といいます。

$(a+b)(c+d)$ を展開すると、その結果は、上のように４つの単項式の和の形で表されます。

多項式×多項式は「部屋別総当たり」というやりかたで簡単に展開できます。

$$(a+b)(c+d) = ac + ad + bc + bd$$

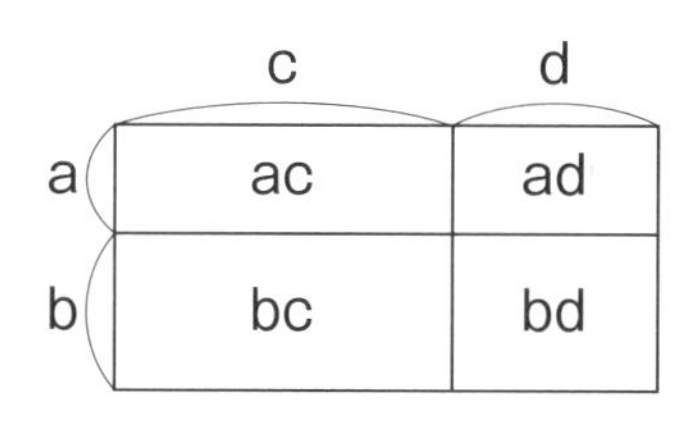

a を力士と考えて（　　）内は自分の所属する部屋。同じ部屋の力士 b とは取り組みで当たりませんが他の部屋の力士 c、d とは必ず当たるという方法です。

この部屋別総当たり法で $(2x+1)(y+2)$ を展開してみましょう。

$$(2x+1)(y+2) = 2x \times y + 2x \times 2 + 1 \times y + 1 \times 2$$
$$= 2xy + 4x + y + 2$$

➡ 展開の公式って何だっけ？

$(x+a)(x+b)$ の展開

$(x+a)(x+b)$ を展開すると次のようになります。

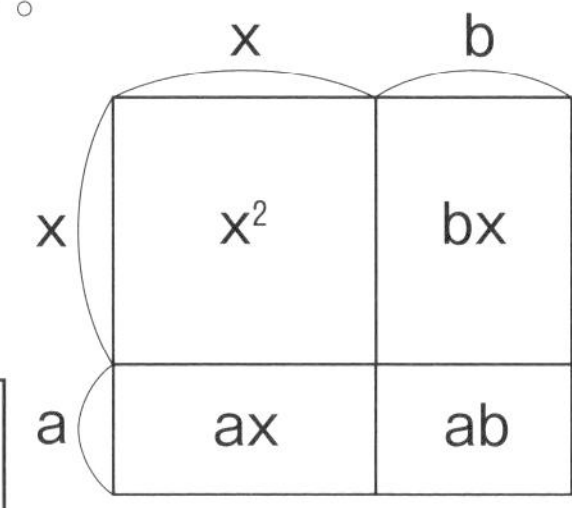

$$(x+a)(x+b) = x^2+bx+ax+ab$$
$$= x^2+(a+b)x+ab$$

公式1
$$(x+a)(x+b) = x^2+(a+b)x+ab$$

式 $(x+3)(x+5)$ について公式１を使って展開しましょう。

$$(x+3)(x+5) = x^2+(3+5)x+3\times5$$
$$= x^2+8x+15$$

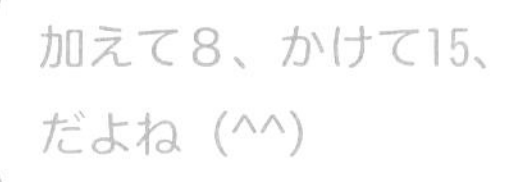

$(x-8)(x+3)$ を展開してみましょう。

$$(x-8)(x+3) = x^2+(-8+3)x+(-8)\times3$$
$$= x^2-5x-24$$

$(x+a)^2$、$(x-a)^2$ の展開

公式１を利用すると $(x+a)^2$ は次のように展開されます。

$$(x+a)^2 = (x+a)(x+a)$$
$$= x^2+(a+a)x+a\times a$$
$$= x^2+2ax+a^2$$

面積図で表してみると

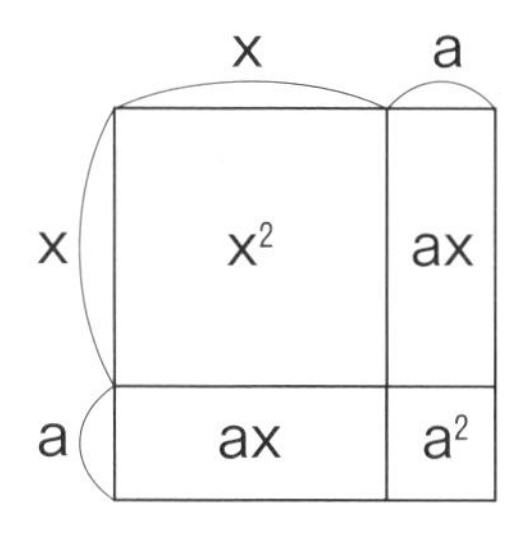

$(x-a)^2$ も同様にして $x^2-2ax+a^2$ となります。
次に公式２、３をまとめます。

公式２ $(x+a)^2=x^2+2ax+a^2$ **公式３** $(x-a)^2=x^2-2ax+a^2$

公式２と３は２項めの符号が違うだけだよね。

式 $(x+5)^2$ について公式２を使って展開してみます。

$$(x+5)^2 = x^2+2\times5\times x+5^2$$
$$= x^2+10x+25$$

式 $(x-8)^2$ について公式３を使って展開しましょう。

$$(x-8)^2 = x^2-2\times8\times x+8^2$$
$$= x^2-16x+64$$

$(x+a)(x-a)$ の展開

公式１を利用して $(x+a)(x-a)$ を展開すると

$$(x+a)(x-a) = x^2+(a+(-a))x+a\times(-a)$$
$$= x^2-a^2$$

公式4　$(x+a)(x-a) = x^2-a^2$
（和と差の積は２乗の差）

公式４はよく使われる公式です。

$$(x+5)(x-5) = x^2-5^2 = x^2-25$$

というように展開します。
展開公式をもう一度まとめると

公式1　$(x+a)(x+b) = x^2+(a+b)x+ab$
公式2　$(x+a)^2 = x^2+2ax+a^2$
公式3　$(x-a)^2 = x^2-2ax+a^2$
公式4　$(x+a)(x-a) = x^2-a^2$

➡ いよいよ本丸・因数分解とは

さて因数分解です。
$(x+1)(x+2)$ を展開すると次のようになります。

$$(x+1)(x+2) = x^2+3x+2$$

この式の左辺と右辺を入れ替えると

$$x^2+3x+2 = (x+1)(x+2)$$

となります。このように１つの式が多項式や単項式の積の形に表されるとき、積をつくっている１つ１つの式を、元の式の因数といいます。
$x+1$、$x+2$ は多項式 x^2+3x+2 の因数です。

$$(x+1)(x+2) \xrightarrow{\text{展開}} x^2+3x+2$$

$$x^2+3x+2 \xrightarrow{\text{因数分解}} (x+1)(x+2)$$

多項式をいくつかの因数の積に表すことを、元の式を因数分解するといいます。
「因数分解するとどんないいことがあるの？」
実は足し算よりも掛け算の方が中に含まれている情報を読み取りやすいという特徴があるのです。「素数」の章でこのことを説明しますね。

➡ 共通因数でくくる因数分解

すべての項に共通な因数を含む多項式は、分配法則を使って、共通な因数をかっこの外にくくりだせばよいのです。
多項式 $3x^2+xy$ は次のように因数分解します。

$$3x^2+xy = 3x \cdot x + x \cdot y = x(3x+y)$$

多項式 $4ab-8ab^2$ は次のように因数分解します。

$$\begin{aligned} 4ab-8ab^2 &= 4ab-4ab \cdot 2b \\ &= 4ab(1-2b) \end{aligned}$$

➡ 因数分解の公式もあったよね

$x^2+(a+b)x+ab$ の因数分解

展開の公式1　$(x+a)(x+b)=x^2+(a+b)x+ab$

を逆にして次の因数分解の公式が得られます。

> $x^2+(a+b)x+ab$ の因数分解
> **公式①**　$x^2+(a+b)x+ab=(x+a)(x+b)$

因数分解の公式①を使って x^2+5x+6 を因数分解してみましょう。

$$
\begin{aligned}
x^2+5x+6 &= x^2+(2+3)x+2\times3 \\
&= (x+2)(x+3)
\end{aligned}
$$

次に $x^2-8x+12$ を因数分解しましょう。

$$
\begin{aligned}
x^2-8x+12 &= x^2+(-6-2)x+(-6)\times(-2) \\
&= (x-6)(x-2)
\end{aligned}
$$

「どうやって－6や－2を見つけたんだっけ」

と思われた方は

まず「かけたら＋12」⇒「足したら－8」になる数を探します。

この情報から2数とも負の数であることがわかりますよね。

足して－8になる負の数はいくらでもありますので、かけて＋12になる負の数をまず見つけましょう。候補が3組あります（順番はどうでもいいです）。

（イ）　$(-1)\times(-12)$

（ロ）　$(-2)\times(-6)$

（ハ）　$(-3)\times(-4)$

「足したら－8」になる2数はもう明らかに（ロ）の－2と－6であることがわかります。

では公式①を使って $x^2-3x-10$ を因数分解してみましょう。

$$\begin{aligned} x^2-3x-10 &= x^2+(-5+2)x+(-5)\times 2 \\ &= (x-5)(x+2) \end{aligned}$$

－5と＋2の見つけ方は前に同じくです。

かけて－10だから求める2数は正の数と負の数であることがわかります。

足して－3ということから、2数は明らかに－5と＋2ですね。

因数 $x-5$ と $x+2$ はどちらが先でも後でも構いません。

$x^2+2ax+a^2$、$x^2-2ax+a^2$ の因数分解

展開の公式2、3から次の因数分解の公式が得られます。

> 展開公式2より
> **公式②** $x^2+2ax+a^2=(x+a)^2$
> 展開公式3より
> **公式③** $x^2-2ax+a^2=(x-a)^2$

公式②を使って $x^2+8x+16$ を因数分解してみましょう。

$$\begin{aligned} x^2+8x+16 &= x^2+2\times 4\times x+4^2 \\ &= (x+4)^2 \end{aligned}$$

次は公式③を使って x^2-6x+9 を因数分解しましょう。

$$\begin{aligned} x^2-6x+9 &= x^2-2\times 3\times x+3^2 \\ &= (x-3)^2 \end{aligned}$$

まず2乗して9になる数を探しましょう。

それは＋３と－３ですが２倍したら－６になるのは－３の方ですね。
とにかく見つけた数の２倍が x の係数と一致していることが必要です。

x^2-a^2 の因数分解

展開の公式４から次の因数分解の公式が得られます。

公式④ $x^2-a^2=(x+a)(x-a)$

公式④を使って x^2-36 を因数分解してみましょう。

$$\begin{aligned}x^2-36&=x^2-6^2\\&=(x+6)(x-6)\end{aligned}$$

公式① $x^2+(a+b)x+ab=(x+a)(x+b)$
公式② $x^2+2ax+a^2=(x+a)^2$
公式③ $x^2-2ax+a^2=(x-a)^2$
公式④ $x^2-a^2=(x+a)(x-a)$

因数分解を利用して次のような計算をしてみましょう。

$$\begin{aligned}76^2-24^2&=(76+24)(76-24)\\&=100\times52\\&=5200\end{aligned}$$

文字で成り立つ公式は
数字でも成り立つのですね。

素数の不思議

いろいろな素数のお話
素因数分解とは
素数は無限に存在する！

3時間目

素数の不思議

いろいろな素数のお話

2、3、5、7、11のように
1と自分自身以外に約数を持たない数を素数といいます。
1はあとで述べる理由のために素数には入れません。

イシャンゴの骨といわれる遺物が、ナイル川源流地域（コンゴ民主共和国北東部）で発見されており、紀元前2万年頃のものと推測されています。この骨には、最初期の素数列などが記されていたとする説もあります。紀元前2000年頃の古代バビロニアの粘土板にはすでに素数についての練習問題が残っています。

素数の発見

古代ギリシャの数学者エラトステネス（BC275〜BC194）が素数を見つけるのに用いた方法、エラトステネスのふるいをみてみましょう。

まず数字を1から6まで横に書いていき、次の行では1の下に7、8、9…と書いていきます。12まできたら3行目に移って7の下に13から書いていきます。

こうやって書いていくと、素数２の下には２の倍数が縦に並んでいるので、これをみんな消します。３の下には３の倍数が、６の下には６の倍数が並んでいるので、素数を残して全部消します。４の縦の筋はみな２の倍数ですので、これも全部消えます。
では５の倍数は？左斜め下に並んでいますね。７の倍数は右斜め下です。11の倍数は桂馬とびに並んでいます。こうやって消していくと、ふるいに残るのが素数というわけです。やってみましょう。

エラトステネスのふるい

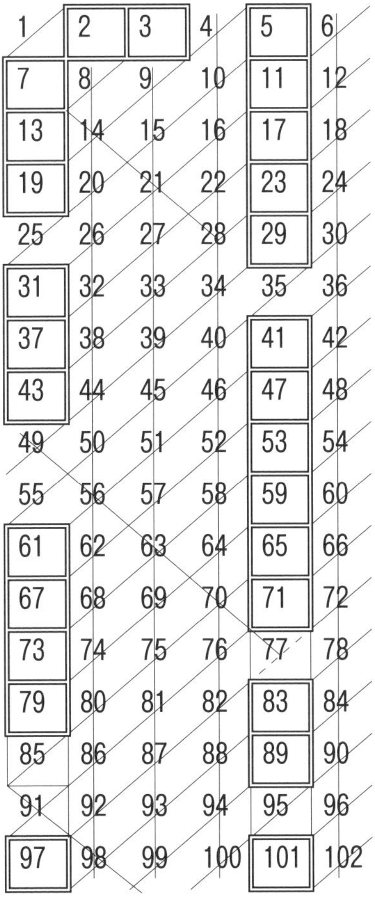

1	2	3	4	5	6
7	8	9	10	11	12
13	14	15	16	17	18
19	20	21	22	23	24
25	26	27	28	29	30
31	32	33	34	35	36
37	38	39	40	41	42
43	44	45	46	47	48
49	50	51	52	53	54
55	56	57	58	59	60
61	62	63	64	65	66
67	68	69	70	71	72
73	74	75	76	77	78
79	80	81	82	83	84
85	86	87	88	89	90
91	92	93	94	95	96
97	98	99	100	101	102

どの時代でも最大の素数を発見することには高い評価が与えられています。この競争は何世紀にも渡り多くの数学者が参加し奮闘しました。
特にオイラーは100年以上にも渡り記録を保持していました。
最大の素数の表を掲げています。現代ではすべてコンピュータによる発見です。

最大の素数発見の歴史（主なものだけです）

実数	発見者	発見年	桁数
$2^{31}-1$	オイラー	1750	10
$2^{127}-1$	ルカス	1876	39
$2^{3217}-1$	ライゼル	1957	969
$2^{11213}-1$	ギレ	1963	3376
$2^{44497}-1$	スロウィンスキー	1979	13395
$2^{57885161}-1$	GIMPS	2013	17425170
$2^{74207281}-1$	GIMPS	2016	22338618
$2^{77232917}-1$	GIMPS	2018	23249425

GIMPS（Great Internet Mersenne Prime Search 新たなメルセンヌ素数を探しているグレート・インターネット・メルセンヌ数検索）の表を見て何かに気づかれませんか？
記録を保持した素数がほとんど p を素数として（素数のことを英語で prime number といいます）2^p-1 の形の素数であることに注意しましょう。
この型の数はメルセンヌ数と呼ばれていて、その名はフランスの数学者マラン・メルセンヌ（1588～1648）にちなんだものです。

彼は1644年に、257に等しいか、またはそれより小さい p の値に対し、2^p-1 の形の素数は11個しか存在しないことを意味する主張をし、これらの特別な形の数が素数になるような p の値を発表しました。それらは

$p=2$、3、5、7、13、17、19、31、67、127、257

です。この頃は $p=19$ を超えた数については何もわかっていませんでした。

オイラーが1750年に $p=31$ の場合が素数であることを証明し、その後1857年にフランスのルカスが $p=127$ の場合が素数であることを示しましたが、その数は39桁もの数です。2018年に発見された50番目のメルセンヌ素数はなんと23249425桁もあります。

マラン・メルセンヌ（1588〜1648）

フランスの神学者。数学、物理、哲学、音楽理論の研究をしていました。彼は音響学の父とも呼ばれています。温和で親切な性格でヨーロッパの研究者たちの交流ネットワークを積極的に作り、学問の発展に貢献したことでも知られています。ガリレオの研究をサポートし、デカルトとも親友でした。

素因数分解とは

24は 3×8 や 4×6 のように2以上のいくつかの自然数の積の形に表されます。このとき、3、4、6、8のような積をつくっている1つ1つの自然数を、元の数の因数といいます。例えば24という自然数は

$$24=2\times2\times2\times3=2^3\times3$$

というように素数の積の形に表されます。素数である因数を素因数といい、上のように、自然数を素因数だけの積の形に表すことを素因数分解

するといいます。素数以外の数は素因数分解でき合成数と呼ばれます。

36を素因数分解しましょう。
こういう問題は次のように小さい素数で順に割っていくとできます。
同じ素因数が現れたら累乗の形にします。

$$
\begin{array}{r|r}
2 & 36 \\ \hline
2 & 18 \\ \hline
3 & 9 \\ \hline
 & 3
\end{array}
$$

$$36 = 2 \times 2 \times 3 \times 3 = 2^2 \times 3^2$$

素因数分解は必ず一通りしかできないこと（一意性）が証明されています。素因数分解の一意性は様々な証明でよく使われる武器となっていますが、１を素数に入れると、この一意性が失われてしまうため、素数の仲間には入れません。

素因数分解の利用

素数と素数の掛け算は簡単にできます。しかし、その逆の素因数分解は難しいのです。桁が大きくなれば、コンピュータで計算しても時間がかかります。この特徴を生かして、インターネット上のセキュリティに使われているのがRSA暗号です。

例えば280141を素因数分解してみてください。
結構難しいと思います。
答えは457×613となります。しかも、この組み合わせのみです。

457×613→280141は簡単にできますが280141→457×613は難しいです

よね。この性質を使って暗号が作られます。
暗号に使う鍵は誰に知られても問題ないので『公開鍵暗号』といいます。
銀行などはあらかじめ、例えば素数457と613をかけて280141という暗号鍵（公開鍵）を作成し、それを公開します。
銀行は、この280141という暗号鍵は秘密にする必要はありません。ただし、457と613は秘密にしておきます。

そして銀行と取引する人はこの280141という暗号鍵を使ってメッセージを暗号化します。いったん暗号化されたメッセージは457と613を使ってしか戻すことができないように設定しているので、280141がわかっても、元のメッセージに戻せません。したがって他人は、メッセージの内容を知ることはできないというわけです。利用者は「公開キー」を使って情報を暗号化して送信します。送信中に誰かに傍受されても「秘密鍵」がわからないため、情報を盗まれることはありません。これをRSA暗号といいますが、RSA暗号には安全性を高めるために100桁以上の素数が使われています。ちなみにRSAという名称は、発明者である3人の頭文字に由来しています。

➡ 素数は無限に存在する！

素数が無限に存在することは、すでに紀元前3世紀頃のユークリッドが著書『原論』でエレガントに証明しています。
まず、素数が有限個しかないと仮定し、この仮定が矛盾を導くことを示したのです。
素数が有限個しかないのならその中の1つは最大素数です。
その最大素数をPと呼ぶことにしましょう。
次に2からPまでのすべての数をかけ合わせ、それに1を加えると
次のような式ができます。

$(2\times 3\times 5\times 7\times 11\times \cdots \times P)+1$

この数は明らかに最大素数Ｐより大きいですよね。
だから仮定より合成数ということになります。
つまり、少なくとも存在する素数の１つで割り切れるはず。
でも２からＰまでのあらゆる素数でこの数を割っても余り１が残ります。
実際に合成数ならＰより大きいある素数で割り切れることになるが、これはＰが最大素数であるという仮定に矛盾します。つまりＰが最大素数であるという仮定が誤りであり、無限に多くの素数があるということになります（すごいアイデア！）。

問題に挑戦

ところで因数分解をする理由として、足し算より掛け算の方が情報を読み取りやすいといいましたが、その例をお見せしましょう。
素数に関する問題には因数分解の威力をまざまざと示すものが多いです。

（１）$n^2-8n+15$ が素数となる整数 n の値を求めてみましょう。

（解説）
このままではどう求めたらいいかわかりませんね。こういうときは
$n^2-8n+15=(n-3)(n-5)$ …①
と因数分解しましょう。つまり掛け算の形にするのです。
すると①が素数であるためには、$(n-3)$ と $(n-5)$ のどちらかが素数でどちらかが１しかありえませんから、右辺が素数 p となるのは次の４通りの場合が考えられます。

① $n-3=1$　　　$n-5=p$

② $n-3=p$　　　$n-5=1$

③ $n-3=-1$　　　$n-5=-p$

④ $n-3=-p$　　　$n-5=-1$

①では1式より$n=4$、2式目に代入すると$p=-1$

②では$n=6,\ p=3$

③では$n=2,\ p=3$

④では$n=4,\ p=-1$

したがってpが正のとき（素数は自然数）を考えると

$n=6$と$n=2$です。

$n=2$のときも$n=6$のときも$n^2-8n+15=3$

となります。3は素数ですよね。

したがって答えは<u>$n=6$と$n=2$</u>です。

（2）因数分解を使って159999は素数でないことを示してみましょう。

（解説）

$159999=160000-1=400^2-1^2=(400+1)(400-1)=401\times399$

159999は401という約数と399という約数を持っているので素数ではありません。

いかがですが。意外とできる人は少ないと思います。素因数分解の方法ではなかなかこの2つの約数を見つけることが難しいからです。

これも因数分解の威力の1つです。

（3）$x^2-y^2=23$が成り立つような正の整数x,yの値を求めてみましょう。

（解説）

どうやればいいでしょうか？これも因数分解します。

$x^2-y^2=(x+y)(x-y)=23\times1$

2数をかけて素数の23になるのは23と1、あるいは−23と−1しかありません。xとyは正の数で、明らかに$x+y>x-y$（$x+y$は$x-y$より大きい）ですから

$$\begin{cases} x+y=23 \\ x-y=1 \end{cases}$$

この連立方程式を解いて（解き方は後の章で）

答　$x=12,\ y=11$

（4）p、qを互いに素（共通の約数がない）とするとき

$$\frac{p}{q}=\frac{1}{1}+\frac{1}{2}+\frac{1}{3}+\frac{1}{4}+\frac{1}{5}+\frac{1}{6}$$

となるような正の整数とするときpが7で割り切れることを示してみましょう。

（解説）

$$\frac{p}{q}=\frac{1}{1}+\frac{1}{2}+\frac{1}{3}+\frac{1}{4}+\frac{1}{5}+\frac{1}{6}$$

$$=\left(\frac{1}{1}+\frac{1}{6}\right)+\left(\frac{1}{2}+\frac{1}{5}\right)+\left(\frac{1}{3}+\frac{1}{4}\right)$$

$$=\frac{7}{6}+\frac{7}{10}+\frac{7}{12}$$

$$=\frac{7\times10\times12+7\times6\times12+7\times6\times10}{6\times10\times12}$$（通分して加える）

で7が共通因数となるので

$$=\frac{7\times(\text{整数})}{6\times10\times12}$$

したがって分子pは7で割り切ることができます。

4時間目

平方根って何？

ずばり平方根とは
知っておくと便利な平方根の値
有理数と無理数についても知っておこう
鳩ノ巣原理って何？

平方根って何？

ずばり！平方根とは

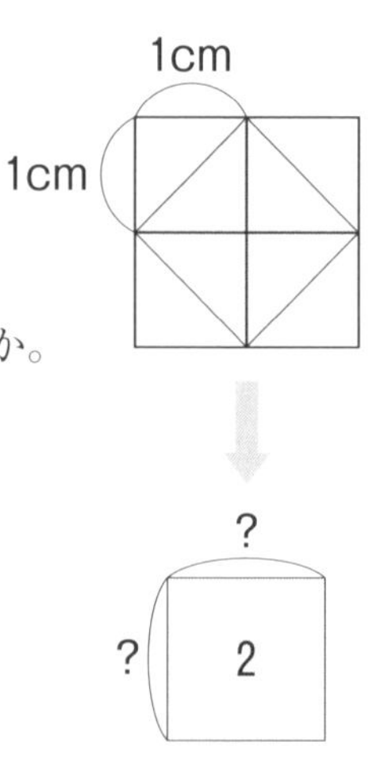

右の図において色のついた図形は
１辺の長さが２cm である正方形の
各辺の中点を結んで作った正方形です。
この正方形の面積は２cm^2になりますよね。
この正方形の１辺の長さは何 cm になるのでしょうか。
実は２乗すると２になる数です。
例えば２乗して９になる数は３と－３です。
この３と－３を９の平方根といいます。
でも２乗して２になる数は
1.41421356…
と小数点以下が永久に続く数になってしまうので
$\sqrt{2}$ と表すことにします。
「平方」という言葉は２乗を意味します。
「平方根」は「平方」の逆ですね。

$\sqrt{2}, -\sqrt{2}$→平方→2
$\sqrt{2}, -\sqrt{2}$←平方根←2

$\sqrt{2}$ と $-\sqrt{2}$ を合わせて $\pm\sqrt{2}$ と書くことが多いです。

この方が簡単ですよね。
一般に a を正の数とするとき、a の平方根のうち、正の方を $\sqrt{a}$、負の方を $-\sqrt{a}$ と書きます。合わせて $\pm\sqrt{a}$。 記号 $\sqrt{}$ を**根号**といいます。
7の平方根を根号 $\sqrt{}$ を使って表すと $\pm\sqrt{7}$ となります。

a とその平方根 $\sqrt{a}$ と $-\sqrt{a}$ の関係は次のようになります。

$\pm\sqrt{a}$ —平方（2乗）→ a
$\pm\sqrt{a}$ ←平方根— a

したがって $(\sqrt{a})^2 = a$　　$(-\sqrt{a})^2 = a$

$\sqrt{49}$ は2乗すれば49
つまり7と等しい数です。

$\sqrt{49} = 7$

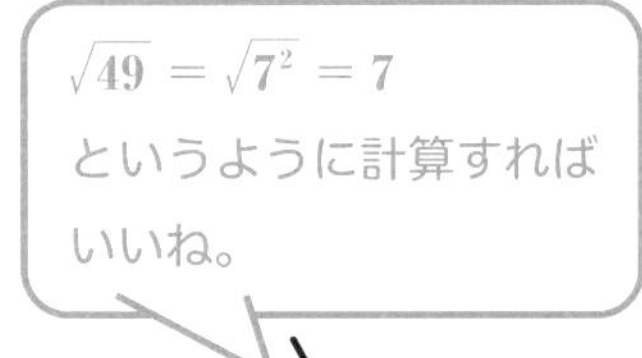

$-\sqrt{49}$ は2乗すれば49になる負の数ですから

$-\sqrt{49} = -7$

知っておくと便利な平方根の値

「平方根の大小」を利用すると例えば $\sqrt{2}$ の近似値を求めることができます。

$1 < 2 < 4$　$(\rightarrow 1^2 < (\sqrt{2})^2 < 2^2)$

だから $1 < \sqrt{2} < 2$
これで $\sqrt{2}$ の整数部分は1であるという情報を得ます。

$1.1^2 = 1.21$

$1.2^2 = 1.44$

$1.3^2 = 1.69$

$1.4^2 = 1.96$

$1.5^2 = 2.25$

より

$$1.4 < \sqrt{2} < 1.5$$

とさらに絞られてきました。このようにやっていくと

$$\sqrt{2} = 1.414213562\cdots$$

と小数点以下がどこまでも続く数になります。

このような数を無理数といいます。

電卓にも $\sqrt{\ }$ キーがありますよね。昔、平方根を求める開平計算を習った方もおられると思います。こんな覚え方も懐かしい。

$\sqrt{2} \fallingdotseq 1.41421356$（一夜一夜に人見頃）

$\sqrt{3} \fallingdotseq 1.7320508$（人並みにおごれや）

$\sqrt{5} \fallingdotseq 2.2360679$（富士山麓オウム鳴く）

➡ 有理数と無理数についても知っておこう

整数 m と正の整数 n を用いて分数 $\dfrac{m}{n}$ の形に表される数を有理数といいます。

整数 m は $\dfrac{m}{1}$ と表されるから有理数です。

小数0.5も $\dfrac{1}{2}$ と分数の形に表されるから有理数です。

しかし $\sqrt{2}$ のような無理数は整数を用いた分数の形に表すことができないのです。それを証明してみましょう。ユークリッドが素数が無限にあ

ることを証明するために「最大素数の存在」を仮定し矛盾を導き出しましたが、同じ手法、背理法と呼ばれる方法を使います。
まず $\sqrt{2}$ が有理数である、と仮定するのです。
すると2つの整数 m と n を用いて次のように分数で表すことができます。
ただし $\frac{m}{n}$ はこれ以上約分できない分数とします（例えば $\frac{3}{4}$ のような）。

$$\sqrt{2} = \frac{m}{n}$$

両辺 $\times n$

$$\sqrt{2}n = m$$

両辺を2乗して

$$2n^2 = m^2 \quad \cdots①$$

したがって m^2 は偶数（偶数は2の倍数だから $2\times$(整数)と表される）
m^2 が偶数であるときは m も偶数（試してみてください）。
したがって $m = 2k$ と表すことができるからまた両辺を2乗して

$$m^2 = (2k)^2 = 4k^2$$

①に代入すると

$$2n^2 = 4k^2$$

両辺 $\div 2$

$$n^2 = 2k^2$$

これより n^2 は偶数となり n も偶数となります。
m、n がともに偶数であることは $\frac{m}{n}$ がこれ以上約分できないということに反してしまいます。つまり最初の仮定、「$\sqrt{2}$ が有理数である」としたことで不合理が起こったのです。したがって$\sqrt{2}$は有理数でない、すなわち無理数であることが証明されました。
でも、0.123123123123…というように循環しながら無限に続く小数である循環小数は無理数でしょうか？
いえ、このタイプはすべて分数で表すことができます。
やってみましょう。

$$S = 0.123123123123123\cdots \quad \cdots①$$

この式の両辺を1000倍します。

$$1000S = 123.123123123123123123\cdots \quad \cdots②$$

②－①をやってみると、小数点以下が消えます。

$$\begin{array}{rrl} & 1000S = & 123.123123123123123123\cdots \\ -) & S = & 0.123123123123\cdots \\ \hline & 999S = & 123 \end{array}$$

したがって$S = \dfrac{123}{999} = \dfrac{41}{333}$
すべての循環小数は分数の形で表されるので有理数です。
ちなみに$\dfrac{1}{3} = 0.3333333\cdots$
両辺を３倍すれば

$$1 = 0.9999999\cdots$$

不思議ですよね。

$$\sqrt{2} + \sqrt{3} = \sqrt{5}\ ?$$

例えば$\sqrt{2}+\sqrt{3}$の答えは？といわれれば

$\sqrt{2+3}=\sqrt{5}$

かな？と思いませんか。
でも考えてみれば

$\sqrt{2}=1.41421356\cdots$
$\sqrt{3}=1.7320508\cdots$
$\sqrt{5}=2.2360679\cdots$

でしたから $\sqrt{2}+\sqrt{3}$ は $\sqrt{5}$ と等しそうにありません。
実際、展開公式を使って $\sqrt{2}+\sqrt{3}$ を２乗してみると

$$(\sqrt{2}+\sqrt{3})^2=(\sqrt{2})^2+2\times\sqrt{2}\times\sqrt{3}+(\sqrt{3})^2$$
$$=2+2\sqrt{6}+3$$
$$=5+2\sqrt{6}$$

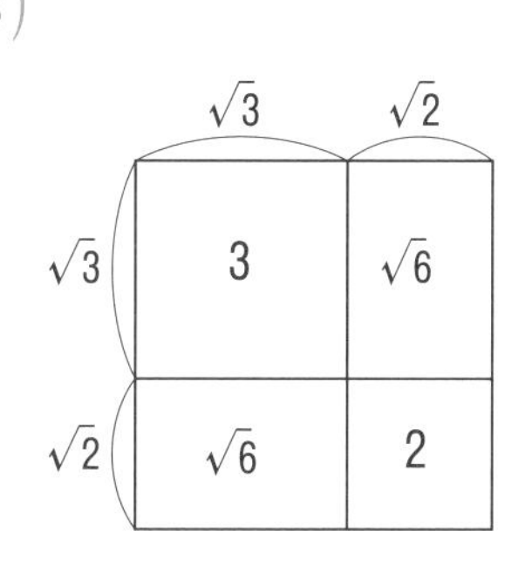

となりますが、$\sqrt{5}$ を２乗すると５となり、
$2\sqrt{6}$ 分の差があります。
もし $\sqrt{2}+\sqrt{3}$ と $\sqrt{5}$ が等しければ２乗しても
等しいはずですよね。
というわけで根号の中の数字が違えば、それ以上の足し算はできません。
$\sqrt{\ }$ の中が同じ数のときのみ、文字式の同類項の計算と同じように、分配法則を使って計算することができます。

$$3\sqrt{6}+5\sqrt{6}=(3+5)\sqrt{6}$$
$$=8\sqrt{6}$$
$$5\sqrt{7}-\sqrt{7}=(5-1)\sqrt{7}$$
$$=4\sqrt{7}$$

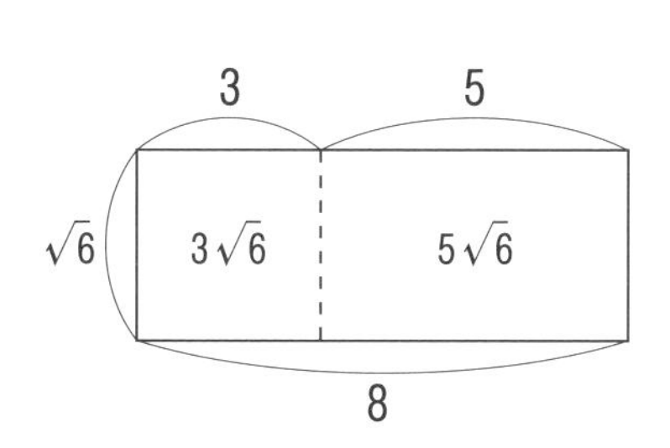

$\sqrt{8} \div 2 = \sqrt{4}$　？

$\sqrt{8}$ を2で割ると $\sqrt{4}$ になるでしょうか。

いえ

$\sqrt{8} = \sqrt{4 \times 2} = \sqrt{2^2} \times \sqrt{2} = 2\sqrt{2}$

$\sqrt{8} \div 2 = 2\sqrt{2} \div 2 = \sqrt{2}$

$\sqrt{2}$ が答えです。

実際に面積図をかいてみるとわかります。

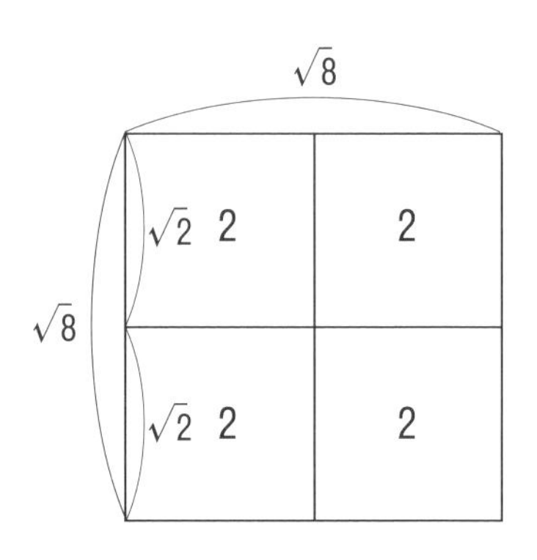

➡ 鳩ノ巣原理って何？

ここで「鳩ノ巣原理」のお話をします(中学の教科書にはでてきませんが)。

鳩ノ巣原理とは、例えば

「5個の巣箱に6羽以上の鳩を全部入れようとすると、ある巣箱には2羽かそれ以上の鳩が入ることになる」

ということです。文字を使うと

> N個の巣箱にN+1羽あるいはそれより多い鳩を入れるとすると、ある巣箱には2羽かそれ以上の鳩が入ることになる。

当たり前みたいな話ですが、これがよく問題を解くときのツールとして使われるのです。

400人集まる会場には必ず誕生日が一致する人が出ることも、鳩ノ巣原理で説明できます。この場合は会場参加者が鳩で、1月1日から12月31日までの365日が鳩ノ巣ということになります。

平方根のお話

ピタゴラス（BC582～BC496）とその弟子たちは「ピタゴラス学派」と呼ばれ、ピタゴラスの発見といわれているものでも、どれがピタゴラス自身の発見であるのかわかっていません。ピタゴラス学派のおもな仕事には、有名なピタゴラスの定理のほかに様々なものがありますがその中の重要なものに無理数の発見があります。弟子の１人が１辺の長さが１である正方形の１つの対角線の長さは、分子、分母がともに整数であるような分数では表すことのできない数（無理数）であることを発見しました。

しかしこの発見は、物質世界を構成する重要な特質は調和で、これを整数間の正確な比であるとみなしていたピタゴラス学派にとっては、益となるよりやっかいなものでした。この発見は、ピタゴラス学派全員が秘密にすることを誓わせられるほどのスキャンダルとなったのです。この秘密を外部にもらした弟子がピタゴラス学派の命令に背いたため水死したという伝説が残っています。

ピタゴラス学派の影響を受けた古代ギリシャの数の理論は、自然数とその比以外は数と認めなかったので、無理数が出てくる対角線の長さの問題は算術から切り離すことになりました。この発見以後ギリシャの数学者は数学を、線と点の研究をする幾何学と、数を研究する算術の分野に分けました。

算術と幾何学の区別は、ルネ・デカルトが彼の解析幾何学で再び結びつけるまで2000年もの間続くことになったのです。

問題に挑戦

１辺の長さが40 cm の正方形の形をした射撃の的があります。

このとき17発の弾が的に当たったとすると、当たった点の距離が15 cm 未満である点が少なくとも２個はあることを示しましょう。

（解説）

これは鳩ノ巣原理を使わないと説明が難しい問題です。まず40 cm の正方形を図のように16の正方形に分けます。

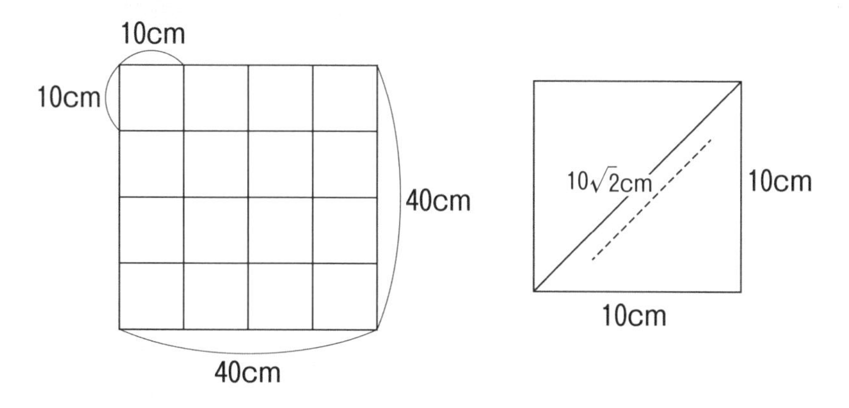

さあ、これで16個の正方形に17個の弾が当たったのですから、鳩ノ巣原理により少なくとも２発は１辺が10 cm の小正方形に当たっていることになります。１辺の長さが１の正方形の対角線は $\sqrt{2}$ でしたから、１辺の長さが10 cm の正方形の対角線の長さは

$10\sqrt{2} = 14.14 < 15$

１つの正方形の中にある点の距離が対角線の長さを超えることはないので、少なくとも２つの点の距離は15 cm 未満ということになります。

5時間目

方程式の威力

方程式を天秤で考える
方程式を解いてみよう

方程式の威力

方程式を天秤で考える

下の図のように、左右の皿にお団子とおもりを乗せた天秤がつりあっています。

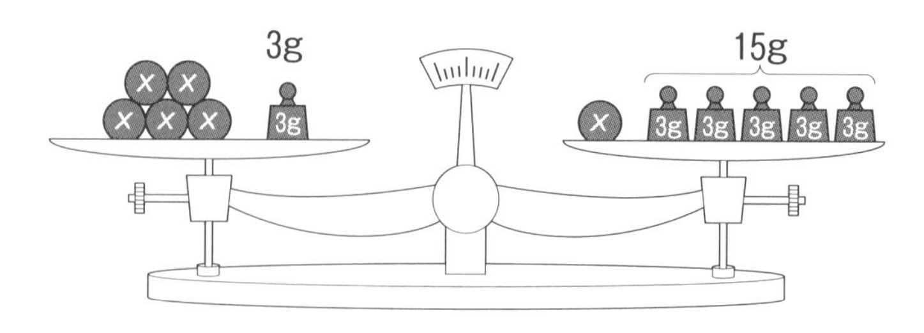

このときお団子１個 x グラムとして、等式で表すと

$$5x+3 = x+15$$

となります。
さて x の値がどんなときつりあうでしょうか。
もし x を１グラムとすると
左辺は $5\times(1)+3 = 8$
右辺は $1\times(1)+15 = 16$
となって右に傾いてしまいます。
x が２グラムとすると
左辺は $5\times(2)+3 = 13$

等式とは数や文字が
等号＝で結ばれている
式のことニャン。

右辺は $1\times(2)+15=17$

でまだつりあいません。

x が3グラムとすると

左辺は $5\times(3)+3=18$

右辺は $1\times(3)+15=18$

つりあうのはある1つの値のときだけニャ。

となり、お団子は3グラムであったことがわかります。

ちなみに x が4グラムならば

左辺は $5\times(4)+3=23$

右辺は $1\times(4)+15=19$

となり、今度は左に傾いてしまいます。

このように x の値によって成り立ったり、成り立たなかったりする等式を x についての**方程式**といいます。

また方程式を成り立たせる文字の値を、その方程式の**解**といい、解を求めることを**方程式を解く**といいます。この x はこれまでのような変数や数の代表ではなく、解かれるまでどんな数になるかわからないという意味で、**未知数**と呼ばれます。

方程式の歴史

方程式という言葉は、中国の数学書『九章算術』（179年完成）の中で、連立方程式を表す言葉として使われました。

13世紀に中国で発達した天元術（算木と算盤を使って方程式を解く方法）は、1658年、日本で出版され、和算の発展の元となりました。

関孝和は天元術を発展させ、連立方程式の理論を完成させ、さらに高度な点竄術を編み出し、和算を大いに進展させました。

古代バビロニアでは紀元前3200年頃から文字を使った文明が栄えました。数学に関していえば紀元前1800年～1600年の時代の粘土板の復元から様々な方程式が解かれていたことがわかります。

題材としては、大麦の収穫、銀の分配、貸付、土木工事、羊の繁殖などです。

方程式

$$5x+3=x+15 \quad \cdots ①$$

の解は３であったわけです。

$$x^2+2x=3$$

のように、未知数の２乗が最高次数である方程式は２次方程式、

$$x^3-4x^2+5x-8=0$$

のように、未知数の３乗が最高の次数のときは３次方程式といいます。
今、扱っている方程式は１乗ですから１次方程式ですね。

方程式を解いてみよう

さて元に戻ります。いろいろな値を代入して解かどうか調べていたのでは、大変です。次にその解き方を考えていくことにしましょう。
ここで威力を発揮するのが等式の性質です。

等式の性質

［１］等式の両辺に同じ数を足しても、等式は成り立つ

$$A=B \quad ならば \quad A+C=B+C$$

［２］等式の両辺から同じ数を引いても、等式は成り立つ

$$A=B \quad ならば \quad A-C=B-C$$

［３］等式の両辺に同じ数をかけても、等式は成り立つ

$$A=B \quad ならば \quad A\times C=B\times C$$

［４］等式の両辺を同じ数で割っても、等式は成り立つ

$$A=B \quad ならば \quad \frac{A}{C}=\frac{B}{C}$$

［５］等式の両辺を入れかえても、その等式は成り立つ

$$A=B \quad ならば \quad B=A$$

等式の性質は1次方程式を解くために非常に役立ちます。
上皿天秤がつりあっているところをイメージしてみましょう。
下の図は「ボール2個と箱1個の重さ」が「箱7個」とつりあっているところを示しています。

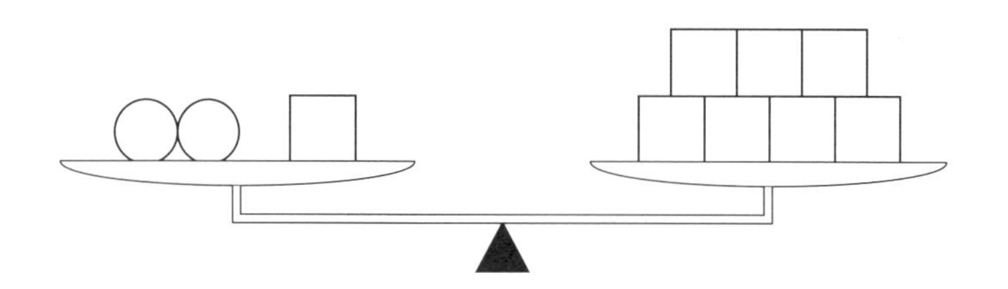

図でボール1個の重さを x グラム、箱1個の重さを1グラムとして等式で表すと

$2x+1=7$ …①

となります。左の皿をボールだけにすることを考えます。
すると箱1個が邪魔なので、取り去ることにします。しかしこの場合右の皿からも1個取り去らないとつりあいを保つことができません。
すると次のような状態になります。

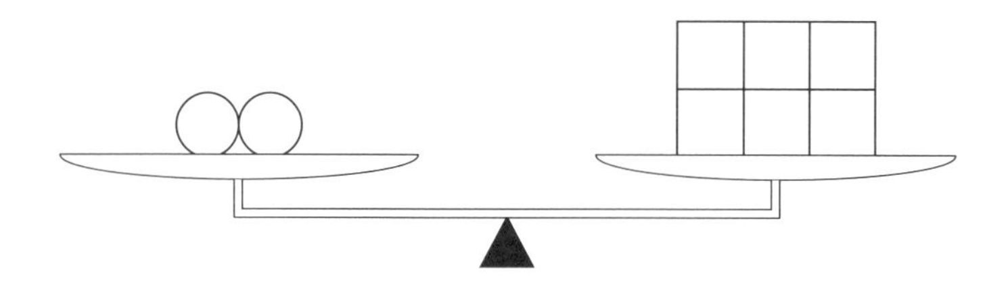

両辺から1を取り去る状態を式で表すと

$2x+1-1=7-1$

結局

$2x=6$

となりました。これは等式の性質［2］「等式の両辺から同じ数を引いても、等式は成り立つ」を使っています。

x を求めるということはボール1個分の重さを求めるということですから両辺を2で割ってやります。

$$\frac{2x}{2}=\frac{6}{2}$$

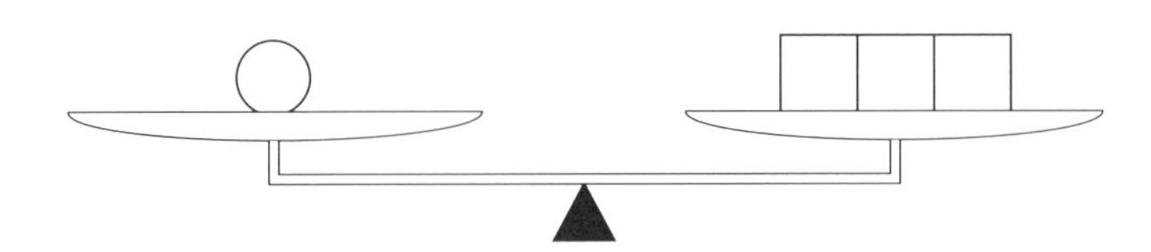

したがって $x=3$

つまりボール1個は3グラムであることがわかり、方程式 $2x+1=7$ を解くことができました。$x=3$ が解であることは元の式に代入すれば確かめることができます。

等式の性質を使うと、どんな1次方程式でも解けてしまいます。しかし

$$7x-3=3x+9$$

というような式では両辺に足したり割ったり大変ですよね。そこで、もうすこし解き方を簡略化する方法を考えましょう。

方程式を解くときは

$A=B$ …①

$A+C=B+C$ …②

というように＝は前の式の下にそろえて書く。

①と②の左辺どうしは普通等しくないので。

$A=B$

$=A+C=B+C$

のような書き方はNGニャ。

等式の性質を使えば

$$x-5=11 \quad \cdots①$$

両辺に5を加えて

$$x-5+5=11+5$$

これで左辺の－5が消えました。

$$x = 11+5 \quad \cdots②$$

もう一度①と②を並べると

$$x-5 = 11 \quad \cdots①$$
$$x = 11+5 \quad \cdots②$$

①の左辺の -5 が、②の右辺に $+5$ と、符号が変わって移ってきたように見えます。
このように等式では、一方の辺の項を、符号を変えて他方の辺に移すことができます。このことを**移項**といいます。

次の方程式を解いてみましょう。

$$5x = 2x-6$$

この場合は右辺に $2x$ があっては邪魔ですから左辺に移項します
(実際は両辺から $2x$ を引いているわけです)。

$$5x-2x = -6$$
$$3x = -6$$

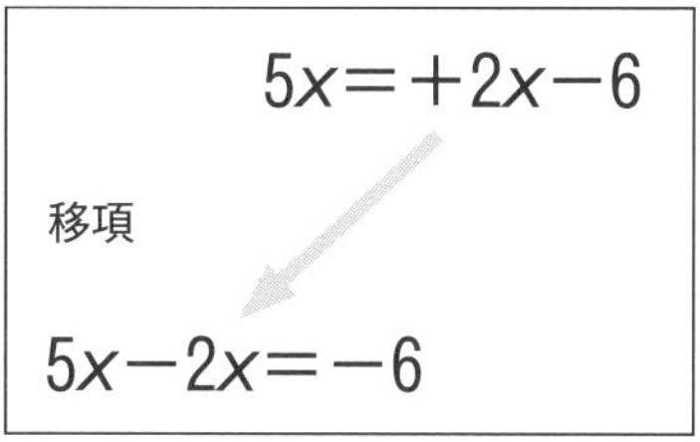

$5x=+2x-6$

移項

$5x-2x=-6$

両辺÷3

$$\frac{3x}{3} = \frac{-6}{3}$$
$$x = -2$$

問題に挑戦

次のような問題を１次方程式を使って解いてみましょう。

（1）ブルガリアでは様々な謎々が古くから伝えられてきています。これらの謎々は、歌、昔ばなしなどと並んでブルガリアの精神的遺産の１つとなっています。その中から１つ問題を選んでみました。

通りを女の子が歩いていた。老人に出会ったので
あいさつをした。老人も振り返ってあいさつをした。
「やあ、小さな女の子だね。こんにちは」
すると女の子は立ち止まり、「もう小さくはないのよ」と文句を言った。
すると老人は「何歳かね？」と女の子に尋ねた。
「私の年齢は母の年齢の半分。母は父より５歳若いの。
私の歳に、父と母の歳を足すと、ちょうど100歳になるのよ」
では、この女の子は何歳なのか。

（解説）

まず求めたいものは何でしょうか。
女の子の年齢です。そこで彼女の年齢を x 歳として、方程式をつくることを考えます。
まずお母さんの年齢は女の子の倍ですから $2x$ 歳。
お父さんはお母さんより５歳上ですから $(2x+5)$ 歳
３人の年齢をたせば100歳ですから、
方程式をつくることができます。

女の子の年齢を x 歳とする。

$x+2x+(2x+5)=100$

$x+2x+2x+5=100$

$5x+5=100$

$5x = 100 - 5$

$5x = 95$

$x = 19$

答　19歳

お父さんとお母さんの年齢を求めて確かめてください。

（2）1627年に吉田光由が執筆した塵劫記という本があります。これ１冊で当時の日常生活に必要な算術全般がほぼ網羅されています。社会経済の発達に伴い、人々の生活にも基礎的な算術の素養が求められるようになってきた中で出版され、和算が専門家の研究対象だけにとどまらず庶民の娯楽、教養として発展していくうえで大きな力を発揮しました。実用的な内容に加えて楽しむための問題も多く、楽しい図版がついており、江戸時代の代表的なベストセラーかつロングセラーとなった本です。
この「塵劫記」の中から問題を１つ。
「布盗人算（きぬぬすびとざん）」と呼ばれる問題があります。

盗人が橋の下にて盗品の絹を分けているのをみると８反ずつ分けると７反足りず、又、７反ずつ分ければ８反余る。盗賊は何人で、絹は何反あるか。

（解説）
塵劫記では簡単な算数を使って解いているようですが、ここでは方程式を使って解いてみましょう。
盗人の数を x 人とします。
１人８反ずつ分けると７反足りないのだから絹の数は $(8x-7)$ 反。
１人７反ずつ分けると８反余るから絹の数は $(7x+8)$ 反。
どちらも同じ絹の数を表しているのだから

$8x-7=7x+8$これを解いて$x=15$

盗人の数が出たから右辺、左辺どちらに代入しても

絹の数は113反となります。

答　盗人15人（多い！）　絹113反

（3）方程式を使って次の魔法陣を完成しましょう。

縦、横、ななめの合計が等しくなるよう

空欄に書き入れてください。

		20
40		55

（解説）

中央の数を x とおくと

$x+40=20+55$

$x=35$

左側の上から2番目の数を y とおくと

$40+y=35+55$

$y=50$

一列の合計が105になることがわかった

のであとは引き算をして完成です。

15	60	30
50	35	20
40	10	55

6時間目

方程式の威力 連立方程式

連立方程式とは

連立方程式を解いてみよう

方程式の威力 連立方程式

連立方程式とは

次のような方程式の問題を考えてみましょう。
リンゴ１個とオレンジ３個の値段が合わせて450円です。
リンゴ１個、オレンジ１個の値段はそれぞれいくらでしょうか？
これっていろいろな解があり得ますよね。
例えば、リンゴ１個150円とすればオレンジ１個100円でも正解ですが
リンゴ１個120円ならオレンジは１個110円でも正解です。
リンゴ１個の値段を x 円、オレンジ１個の値段を y 円とすれば

$$x+3y=450$$

という未知数（値がわからない数）が２つある式ができますが、これだけの手がかりでは、解が何種類もできてしまいます。
もしリンゴやオレンジという条件を取っ払えば、無数の解の組ができてしまいます。そこで、リンゴ１個とオレンジ１個では250円。
というもう１つの式があれば解は１組に決まるのです。
式にすると

$$\begin{cases} x+3y=450 \\ x+y=250 \end{cases}$$

となります。

このように式が2つ以上ある方程式を連立方程式といいます。
正確には2元1次連立方程式といいます。
「元」とは未知数のことで、2元とは未知数が2つあるよ、という意味です。

➡ 連立方程式を解いてみよう

中学で学ぶ連立方程式の解き方には2つの方法があります。
1つは加減法、もう1つは代入法です。
まずは加減法から話を進めましょう。
先ほどのリンゴとオレンジの式をそのまま絵でかいてみます。

+ ＝ 250円

上の式と下の式を見比べるとオレンジ2個分の差が200円であることがわかりますね。

＝ 200円

したがってオレンジ1個は両辺を2で割って

＝ 100円

下の式にこれを代入すれば

＋ 100円 ＝ 250円

より

 ＝ 150円

と求めることができます。

連立方程式はいつもリンゴとオレンジというわけではないので

今後は式のまま求めていきましょう。

リンゴ１個の値段を x 円、オレンジ１個の値段を y 円として方程式をつくってみると

$$\begin{cases} x+3y=450 & \cdots① \\ x+y=250 & \cdots② \end{cases}$$

という式ができます。

ではこの連立方程式を解いてみましょう。

①式から②式を引くと

$$\begin{array}{rr} x+3y=450 & \cdots① \\ -)\ \ x+\ \ y=250 & \cdots② \\ \hline 2y=200 & \end{array}$$

（x を消去するといいます）

両辺 ÷2

$$y=100 \quad \cdots③$$

③を②に代入すると

$$x+100=250$$

$$x=250-100$$

$$x=150$$

答　リンゴ150円　オレンジ100円

チョコレートケーキ３個とチーズケーキ２個買えば代金の合計は1400円、チョコレートケーキ４個とチーズケーキ６個買えば代金の合計は2700円です。チョコレートケーキ１個とチーズケーキ１個の値段を求めてください。

というような問題では、チョコレートケーキ１個x円、チーズケーキ１個y円とすれば、次のような式ができます。

$$\begin{cases} 3x+2y=1400 & \cdots① \\ 4x+6y=2700 & \cdots② \end{cases}$$

このタイプでは１つの文字を消去するために、消去する文字の係数が等しくなるように、一方の方程式の両辺を何倍かします。

この場合でいえば①式を３倍すればyの係数が揃います。

①×３－②

$$\begin{array}{rr} & 9x+6y=4200 \\ -) & 4x+6y=2700 \\ \hline & 5x \quad\quad =1500 \end{array}$$

両辺を５で割って

$$x=300$$

①に代入して

$$3\times300+2y=1400$$

$$2y=500$$

両辺 ÷2　$y=250$

答　チョコレートケーキ300円　チーズケーキ250円

問題に挑戦

（1）鶴亀算

鶴と亀が合わせて10匹いる。足の数は全部で28本あるという。鶴と亀はそれぞれ何匹いるか。

（解説）

鶴を x 羽、亀を y 匹として式をつくります。

鶴の数と亀の数を合わせると10匹だから

$x+y=10$ …①

鶴の足の数は２本/羽

だから鶴が（　　）羽いれば、足の数は２本/羽×（　　）羽

x 羽ならば　2本/羽 × x羽 ＝ $2x$本

亀の足の数は４本/匹

だから亀が（　　）匹いれば、足の数は４本/匹×（　　）匹

y 匹ならば　4本/匹 × y匹 ＝ $4y$本

したがって鶴と亀の足の数の合計は

$2x+4y=28$ …②

①と②を合わせて書くと

$$\begin{cases} x+y=10 & \cdots① \\ 2x+4y=28 & \cdots② \end{cases}$$

解いてみましょう。

①× 4

$4x+4y=40$ …①′

①′−②

$$\begin{array}{rr} & 4x+4y=40 \\ -) & 2x+4y=28 \\ \hline & 2x \quad\quad =12 \end{array}$$

両辺 $\div 2$　$x=6$

これを①に代入して

$6+y=10$

$y=4$

答　鶴6羽　亀4匹

（2）さっさ立て

江戸時代の中頃（1743年）に出版された中根彦楯著「勘者御伽讐紙」にある問題です。

たとへば三十文渡して一文の方へと、二文の方へと一度一度に、さあさあと声をかけて分くるとき、その声数を四五間も脇にいて聞くに十八声ならば一文の方へ置いたのは何文か。

(30文のお金を1回ずつ「さあ」と声をかけながら1文のグループ、2文のグループと分けていく。その声を7、8m離れて見えない所で聞いていたところ18回だったとしたら、1文のグループへ置いたのは何文か。)

(解説)

わかっていること…お金は30文。「さあ」という声は18回。

お金を、例えばさあ1回で1文グループと2文グループに分けていくということだけです。

これでどうやれば声だけ聞いて左に何文あるかわかるのでしょうか。

連立方程式を使えば簡単に解けます。

1文のグループに x 回、2文のグループに y 回お金を置いたとすると

$$\begin{cases} x+y=18 & \cdots① \\ x+2y=30 & \cdots② \end{cases}$$

①×2－②

6時間目 方程式の威力・連立方程式

$$
\begin{array}{rl}
 & 2x+2y=36 \\
-) & \underline{\ \ x+2y=30} \\
 & x \qquad\ \ =6
\end{array}
$$

答　1文グループに6文置いた

（3）ギリシャの古典的な問題

ロバとラバが穀物の袋を運んでいる。ロバが「重いなあ」と愚痴をこぼすとラバが答える。「何を言っているんだい。僕が君の荷を1つ引き受けたら、ぼくの荷物は君の2倍になってしまうよ。それより、君が僕の荷を1つ引き受けてくれれば、ちょうど同じ重さになるのに」。

ロバとラバはそれぞれ荷袋をいくつ運んでいたのでしょうか？

（解説）

ロバが x 袋、ラバが y 袋運んでいるとする

$$\begin{cases} 2(x-1)=y+1 \\ x+1=y-1 \end{cases}$$

この式を両方ともカッコをはずしたり移項したりして

標準形（$ax+by=c$ の形）に直すと

$$\begin{cases} 2x-y=3 \\ x-y=-2 \end{cases}$$

この連立方程式を解いて

$$\begin{cases} x=5 \\ y=7 \end{cases}$$

答　ロバは5袋、ラバは7袋運んでいた

7時間目

方程式の威力 ２次方程式

２次方程式とは
２次方程式を解いてみよう
解の公式って何だっけ？
因数分解を利用して２次方程式を解こう
恒等式についても知っておこう

方程式の威力 2次方程式

2次方程式とは

周の長さが20 cm、面積が21 cm² の
長方形があります。
このとき、この長方形の縦の長さを求めてみましょう。
長方形の縦の長さを x cm とすると
横の長さは $(10-x)$ cm と表され
次の方程式ができます。

(10−x)cm
$x$cm
21㎠

$$x(10-x)=21$$

この左辺を展開して整理すると

$$x^2-10x+21=0$$

(x^2 の前がマイナスにならないように両辺に（－１）をかけています)

となります。このように、移項して整理すると

$$ax^2+bx+c=0$$ （a は0でない定数、b, c は定数）

という形になる方程式を、x についての２次方程式といいます。
２次方程式を成り立たせる文字の値を、その２次方程式の解といいます。
この場合、$x=3$ と $x=7$ のとき $x^2-10x+21$ の値は0になるから、こ

れらは２次方程式 $x^2-10x+21=0$ の解です。
縦が３cm、横が７cm の長方形と、縦が７cm、横が３cm の長方形、要するにどちらも同じ長方形です。
２次方程式の解をすべて求めることを、その２次方程式を解くといいます。

➡ ２次方程式を解いてみよう

２次方程式は古代から人々の生活に重要な役割を果たしてきました。
紀元前2200年頃、バビロニアではすでに２次方程式が、さらには、連立２元２次方程式や３次方程式さえも解かれていました。
598年に生まれたインドの数学者ブラーマグプタは628年頃に、総合的な数理天文書『ブラーマ・スプタ・シッダーンタ』を著しました。さらにその解法はアル・クワリズミ（780～850?）によってヨーロッパに紹介されました。

右図のように、ある正方形の花壇に幅２ｍの道をつけるとその面積は81 m^2となりました。
花壇の１辺は何ｍでしょうか？
この問題では

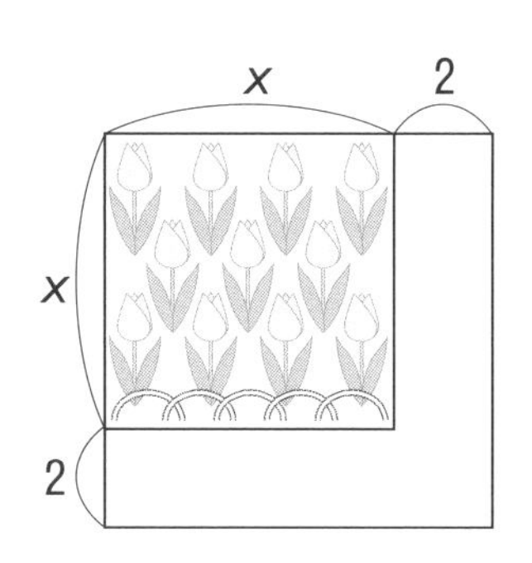

$$(x+2)^2=81$$

という方程式を立てることができます。
$x+2$ は81の平方根ですから

$$x+2=\pm 9$$
$$x=-2\pm 9$$

$x = 7, -11$

問題では花壇の１辺を問われているのですから
答えは７ｍということになります。

次のような問題を考えてみましょう。
ある正方形の土地に幅２ｍの道をつけ、
残りを花壇にしたとき、花壇の面積が64 m^2ならば、
この土地の１辺の長さは何ｍでしょうか？
問題を解くときの考え方は何通りもあります。
数学ですから道を移動することも自由です。

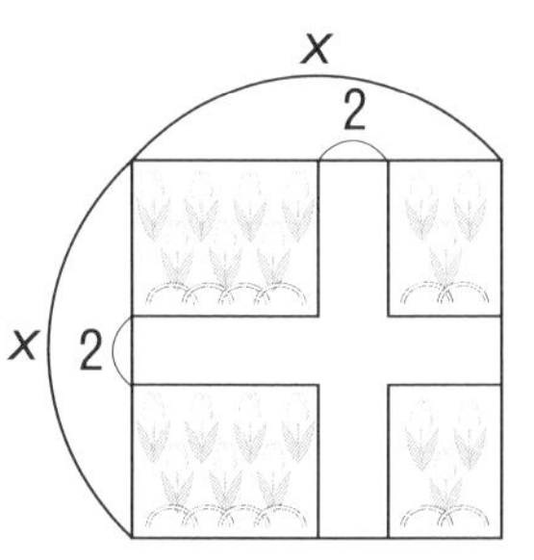

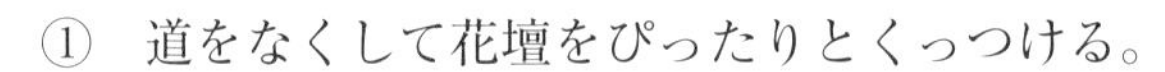

①　道をなくして花壇をぴったりとくっつける。
②　前問のように道を端っこに寄せてしまう。
③　道の面積を方程式で求める。

①でやってみましょう。
道をなくせば花壇だけの
１辺が $(x-2)m$
の正方形ができますから

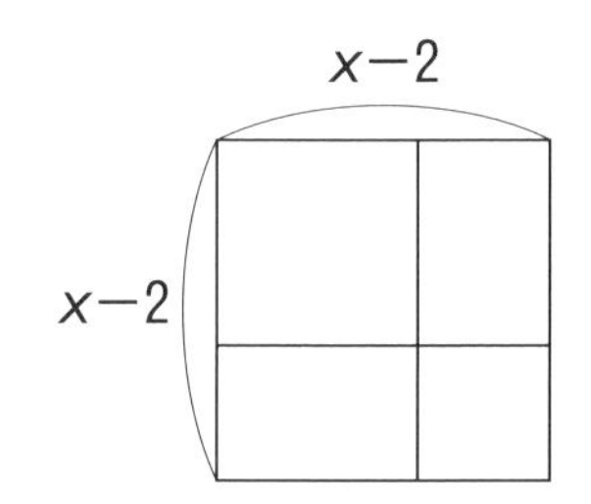

$(x-2)^2 = 64$

という方程式になり
$x-2$ は64の平方根ですから

$x-2 = \pm 8$

$x = 2 \pm 8$

$x = 10, -6$

この問題では土地の一辺を問われているのですから
答えは10 m ということになります。

次はインドの大数学者ブラーマグプタの問題を改題したものです。
ある数の平方（２乗）とその数の４倍との和が60に等しいという。ある数はいくつか？

ある数を x として式をつくってみると

$$x^2+4x=60$$

２次方程式を解くポイントは正方形を作ることです。
まず、この式を図で表してみましょう。

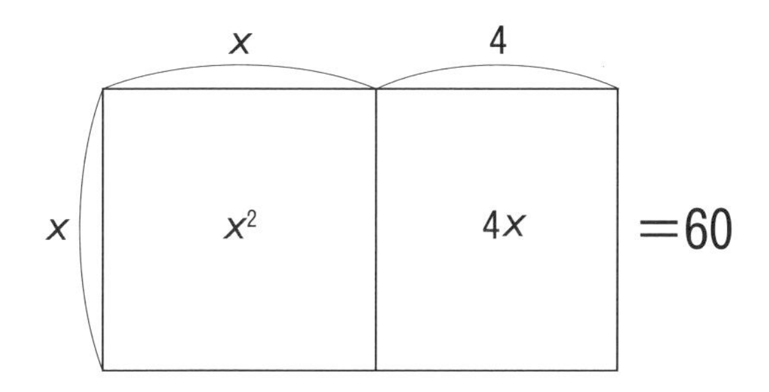

さあ、この図で左辺を正方形にしたいのですが、どうすればいいでしょうか。
ブラーマグプタは次のように考えたといわれています。

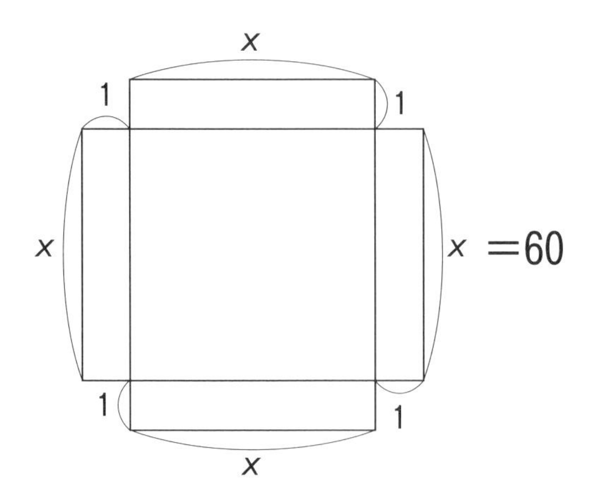

でもまだ４隅があいていますね。１隅は１×１＝１だから
４つの面積１の小さい正方形で埋めることができます。

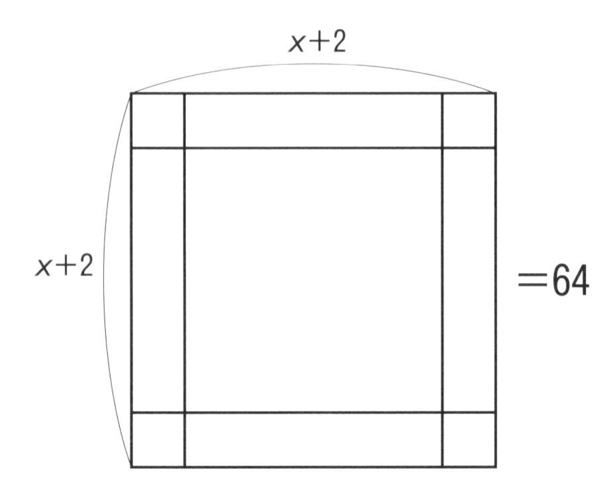

等式がつりあうためには右辺にも４を加えなければなりません。
したがって次のような計算になります。

$x^2+4x = 60$

両辺に４を足して

$$x^2+4x+4=60+4$$

左辺を因数分解（公式②）し、右辺も計算すると

$$(x+2)^2=64$$

$x+2$ は64の平方根だから

$$x+2=\pm 8$$

$$x=-2\pm 8$$

$$x=6, -10$$

図で考えると６だけのようですが、最初の問題の答えとしては

２つの解があります。

ブラーマグプタの正方形は天才的ですが、私たちはもう少し考えやすい

正方形の作り方を採用しましょう。

次の方程式で考えます。

$$x^2+6x-16=0 \quad \cdots ①$$

まず左辺の－16を右辺に移項します。

$$x^2+6x=16$$

これを図示すると

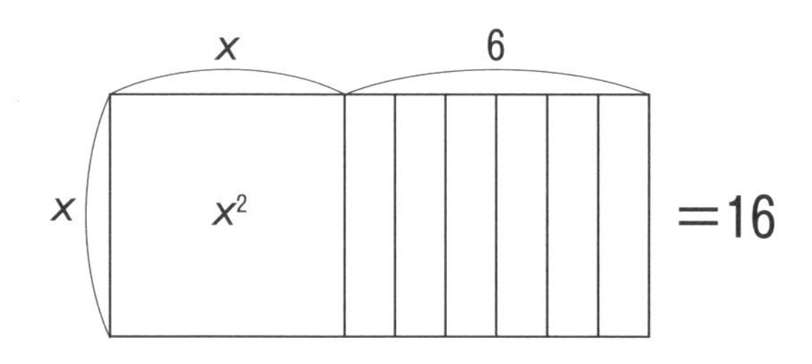

次に $6x$ の係数 6 を 2 で割って、$6 \div 2 = 3$。一方を正方形の 2 つの辺に分けます。

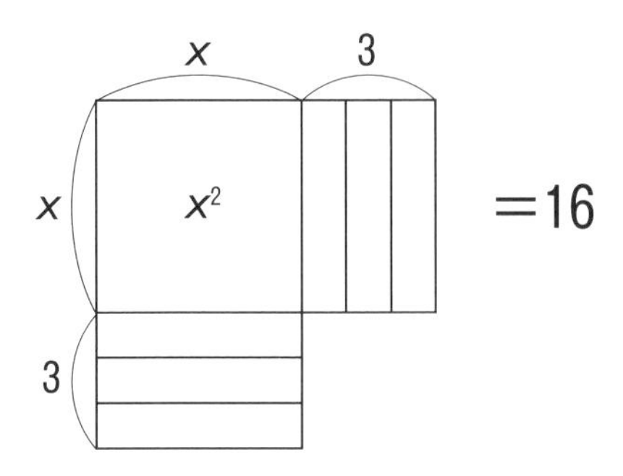

そうすると上のような図ができます。あとは欠けている部分を補えば正方形ができます。欠けている部分は 1 辺が 3 の正方形ですよね。
これを式にすると

$$x^2+6x = 16$$

両辺に $(6 \div 2)$ の 2 乗を加えて

$$x^2+6x+9 = 16+9$$

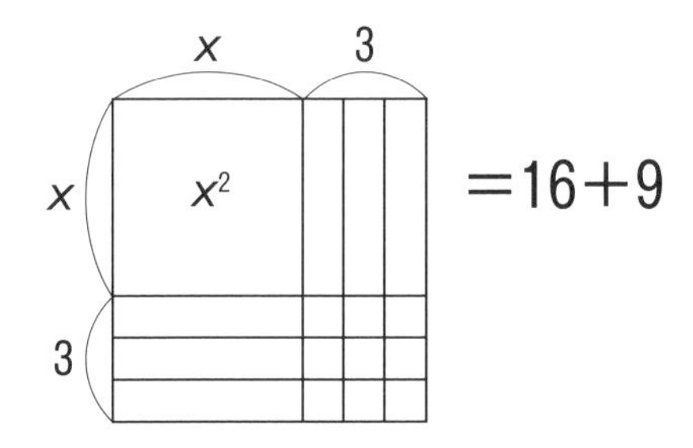

$x+3 = X$
とおくと
$X^2 = 25$
$X = \pm 5$

左辺を因数分解、右辺を計算して

$$(x+3)^2 = 25$$

２乗をはずすと

$$x+3=\pm 5$$

＋３を移項して

$$x=-3\pm 5$$

したがって

$$x=2,\ -8$$

となります。この解は①の式を満足しているかどうか確かめてください。
２次方程式の一般形は $ax^2+bx+c=0$ でした。
そこで次のような２次方程式を解いてみましょう。

$$2x^2+8x-42=0$$

両辺を２で割ります（なぜだかわかりますね？）。

$$x^2+4x-21=0$$

−21 を移項します。

$$x^2+4x=21$$

両辺に４を足します（4÷2 を２乗して４）。

$$x^2+4x+4=25$$

左辺を因数分解

$$(x+2)^2=25$$

２乗をはずすと

$x+2=\pm5$

したがって　$x=-2\pm5$　　　　　　　　　　答　$x=3$　　$x=-7$

➡ 解の公式って何だっけ？

これまでの準備で、どんな2次方程式でも解けてしまう解の公式を導き出すことができます。

2次方程式の一般的な形は

$ax^2+bx+c=0$　（aは0でない定数、b, cは定数）

となっています。この式の解を直接求めてみましょう。

まず両辺をaで割ります。

$$x^2+\frac{b}{a}x+\frac{c}{a}=0$$

次に$\frac{c}{a}$を右辺に移項

$$x^2+\frac{b}{a}x=-\frac{c}{a} \quad \cdots①$$

この式を面積図に表すと

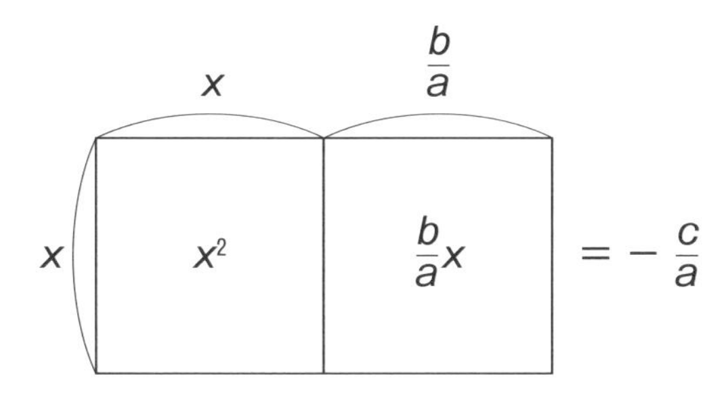

次に面積 $\frac{b}{a}x$ の長方形を半分に割って x^2 の正方形の横と下に貼り付けます。

すると次の図になります。

この図を正方形にするためには右下をうめなければなりません。

その正方形の面積は？そうですね $\left(\frac{b}{2a}\right)^2$ です。この値を両辺に加えると①の式は

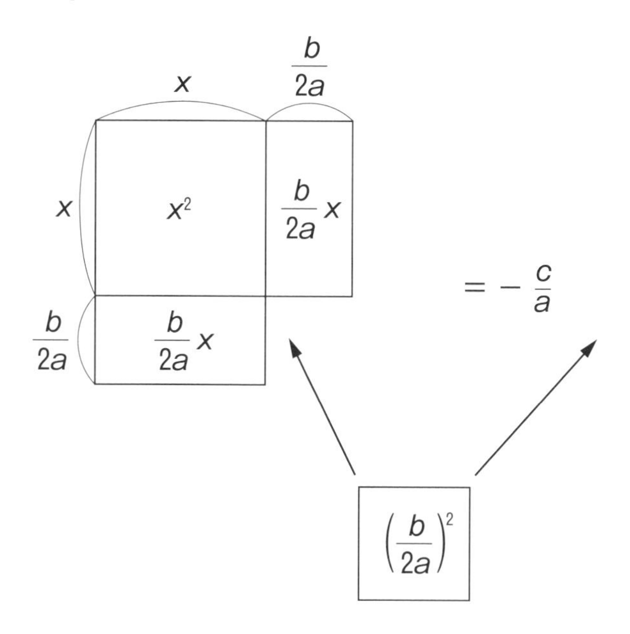

$$\left(x+\frac{b}{2a}\right)^2 = -\frac{c}{a}+\left(\frac{b}{2a}\right)^2$$

という形になりますね。右辺を通分して整理すると

$$\left(x+\frac{b}{2a}\right)^2 = \frac{b^2-4ac}{4a^2}$$

左辺の2乗をはずすと

$$x+\frac{b}{2a}=\pm\sqrt{\frac{b^2-4ac}{4a^2}}$$

$$\sqrt{\frac{b}{a}}=\frac{\sqrt{b}}{\sqrt{a}}$$

ですから

$$\sqrt{\frac{b^2-4ac}{4a^2}}=\frac{\sqrt{b^2-4ac}}{\sqrt{(2a)^2}}$$

$$=\frac{\sqrt{b^2-4ac}}{2a}$$

左辺の $\frac{b}{2a}$ を右辺に移項すると

$$x=-\frac{b}{2a}\pm\frac{\sqrt{b^2-4ac}}{2a}$$

さらに分母をまとめて

$$x=\frac{-b\pm\sqrt{b^2-4ac}}{2a}$$

これで2次方程式の解の公式が完成です。

2次方程式 $ax^2+bx+c=0$ の解は

$$x=\frac{-b\pm\sqrt{b^2-4ac}}{2a}$$

早速この公式を使いこなすための練習をしてみることにします。
まず方程式 $2x^2-5x-1=0$ を解いてみましょう。

$a=2, b=-5, c=-1$ を公式に代入します。

$$x=\frac{-(-5)\pm\sqrt{(-5)^2-4\times2\times(-1)}}{2\times2}$$

$$x=\frac{5\pm\sqrt{25-(-8)}}{4}$$

$$x=\frac{5\pm\sqrt{33}}{4}$$

方程式の各係数を公式に代入するだけで、どのような2次方程式も解けてしまいます。
次のような2次方程式を解いてみましょう。

$$2x^2-5x-3=0$$

解の公式に $a=2,b=-5,c=-3$ を代入すると

$$x=\frac{-(-5)\pm\sqrt{(-5)^2-4\times2\times(-3)}}{2\times2}$$

$$x=\frac{5\pm7}{4}$$

したがって解は $x=3$　　$x=-\frac{1}{2}$

➡ 因数分解を利用して2次方程式を解こう

$x^2+2x-3=0$

という2次方程式の左辺を因数分解してみましょう。

$(x-1)(x+3)=0$

となります。素数の問題のときと同じく因数分解によって見えてくるものがあります。一般に2つの数や式において次のことが成り立ちます。

A×B＝0ならば、A＝0またはB＝0

つまり上の方程式は、$x-1=0$か、または$x+3=0$
であるというわけです。
したがって方程式$(x-1)(x+3)=0$の解は
$x=1$　$x=-3$
となります。
この方法を使って
方程式$x^2-7x+12=0$
を解いてみましょう。
左辺を因数分解すると

$(x-3)(x-4)=0$

$x-3=0$または$x-4=0$
したがって解は$x=3$　$x=4$
「2次方程式っていつも解が2つある」と思っていませんか。
次のような2次方程式もありますよ。

$x^2-10x+25=0$

左辺を因数分解すると

$$(x-5)^2=0$$

$$x-5=0$$

$$x=5$$

このように解を1つしか持たないものもありますし、解を持たないものもあります。例えば $x^2+2x+3=0$ という2次方程式は「実数の範囲では」解を持ちません。なぜなら解の公式を使うと $\sqrt{}$ の中が負の数になってしまうからです。

問題に挑戦

（1）会議に出席した人々が、それぞれ全員と握手を交わしました。
これを数えていたひま人がいて「握手は全部で66回交わされたよ」と言ったとか。出席者は何人でしょうか。

（解説）

こういった問題は2次方程式を使えば解けます。
出席者を x 人とすれば、
$x-1$ 人と握手したのですから握手の回数は全部で
$x(x-1)$
しかし、このとき注意すべきはA君とBさんが握手するとき、BさんはA君と握手することにもなるのだから、この2つの握手は1回と数えなければなりません。というわけで66回の握手は $x(x-1)$ の半分ですね。
したがって方程式は

$\frac{x(x-1)}{2}=66$

両辺を２倍して

$x(x-1)=132$

整理して

$x^2-x-132=0$

左辺を因数分解して

$(x-12)(x+11)=0$

$x-12=0$　または　$x+11=0$

$x=12$　　$x=-11$

この問題では－11人というのは意味を持たないので題意に適さず、

答えは12人ということになります。

（２）ネコ達が２手にわかれて遊びまわっています。

ネコ達の４分の１の平方（２乗）は外で３匹は家の中にいます。

さて、みんなで何匹いるでしょうか？（インドの問題を改題）

（解説）

ネコの数を x 匹とする

$\left(\frac{1}{4}x\right)^2+3=x$

整理すると

$x^2-16x+48=0$

これを解いて　$x=12$　$x=4$

答　12匹か４匹

（3）10、11、12、13、14という数には

$10^2+11^2+12^2=13^2+14^2$

になる、という面白い性質がありますが、5個の連続した整数ではじめの3つの平方の和があとの2つの平方の和になるものはこれ以外にないでしょうか。

（解説）

5個のうち最初の数を x とすると

$x^2+(x+1)^2+(x+3)^2=(x+4)^2+(x+5)^2$

という方程式が成り立ちますが、はじめの数ではなくて、2番目を x とした方が、計算がやりやすくなります。

$(x-1)^2+x^2+(x+1)^2=(x+2)^2+(x+3)^2$

展開して整理すると

$x^2-10x-11=0$

因数分解して

$(x-11)(x+1)=0$

これを解くと

$x=11\quad x=-1$

最初の解の組は説明に使った数

10、11、12、13、14

でもう1つの組は

－2、－1、0、1、2

実際に

$(-2)^2+(-1)^2+0^2=1^2+2^2$

になりますよね。

➡ 恒等式についても知っておこう

３つの連続した自然数で、真中の数の平方が前後の数の積より１大きいものを見つけましょう。

真中の数を x とすると、この自然数は $x-1$、x、$x+1$
と並びますから式にすると

$$x^2 = (x-1)(x+1)+1$$

右辺の１を左辺に移項すると

$$x^2-1 = (x-1)(x+1)$$

あれ、因数分解の例の公式になってしまいましたね。
この x にはどんな自然数を代入しても成り立ってしまいますから x の値を決めることはできません。このような式を恒等式といいます。

2次方程式から3次方程式へ

2次方程式の解の公式を見つけたら当然次に向かうのは3次方程式の解の公式ですよね。

アラビアの数学者たちは2次方程式の解の公式を完成させた後、3次方程式に挑戦しましたが、特定の3次方程式については解法を見つけたものの、一般の3次方程式の解の公式を見つけることはできませんでした。

2次方程式は長方形を正方形に変形して解くことができましたから、3次方程式の場合は直方体を立方体に変形させようと奮闘したのですが、これがなかなかうまくいきません。2次方程式の解の公式をヨーロッパにもたらしたアル・クワリズミの没年は、845年とも850年とも言われていますから、3次方程式が解かれるまでなんと700年の時が流れます。

16世紀、ルネッサンス期のイタリアでは偉大な科学と偉大な芸術が花を開きますが、偉大な数学も花を開きます。3次方程式の一般的解法は、イタリアの数学者タルタリア(1499〜1557)が発見しました。当時、数学者の間では、その術を競う公開試合が行われ、莫大な金がその試合にかけられるのが普通でした。この数学試合で圧勝したタルタリアは、一躍有名人になったのです。当時タルタリアは自分があみだした3次方程式の術を秘密にしていたのですが、タルタリアにその秘術を教えてくれと、しつこく付きまとった男がいました。その名前はジェロラモ・カルダノ(1501〜1576)といいます。有名人になっても貧乏なタルタリアに対し、海千山千のカルダノは「就職を斡旋してあげる」と甘言を弄して、とうとう「絶対に他言しない」という約束で、教えてもらいます。しかしその後、3次方程式の解法をしめしたシピオーネ・デル・フェッロの未発表の論文(タルタリアのものより前に書かれていた)を目にして約束は無効と判断、1548年に著書『偉大なる術(アルス・マグナ)』に載せてしまいました。

カルダノが自分の名前で解法を発表したことを知り、タルタリアは激怒しました。

フェッロとタルタリアの発見であることを明記したうえでの公表だったものの、タルタリアの怒りはおさまらず、タルタリアは数学の公開試合を申し込みます。しかし、カルダノはこれを受けず、代わりに弟子のフェラーリと試合を行うことになりました。勝敗については諸説あり、フェラーリが大勝した説やフェラーリの遅刻で無効試合になった説などがあります。現在、3次方程式の解法は「カルダノの公式」と呼ばれています。

方程式から群論へ

さて、2次方程式、3次方程式、4次方程式と解の公式が見つけられましたが、5次方程式になると数学者達がどんなに頑張ってもできませんでした。5次以上の代数方程式には、一般的な解の公式が存在しないことに、初めて正確な証明を与えたのは、ノルウェーの数学者ニールス・ヘンリック・アーベル（1802～1829）です。

同時代のエヴァリスト・ガロア（1811～1832）は、アーベルによる「5次以上の方程式には一般的な代数的解の公式がない」という定理の証明を大幅に簡略化し、また、より一般にどんな場合に与えられた方程式が代数的な解を持つかについての見通しを示しました。この理論は「群論」と呼ばれ、現代数学の扉を開くとともに、科学のあらゆる分野に絶大な影響を与えました。フランス革命の闘士でもあったガロアは弱冠20歳で決闘により命を落としました。

ガロアの業績の真実と重要性、先見性は史上最大の数学者の1人とされるガウスにさえ理解されず、生前に評価されることはありませんでした。群論の基礎概念とも言える集合論がゲオルク・カントールによって提唱され、ガロア理論へと通じる数学領域が構築されたのは、ガロア死後50年も後のことでした。深い内容を持つガロア理論については、この本で述べることはできませんが、興味のある方は「数学ガール・ガロア理論」（SB クリエイティブ）、「13歳の娘に語るガロアの数学」（岩波書店）等をお勧めします。

関数なんかこわくない

関数とはどういうもの？
比例関数とは何か
グラフをかいてみよう
反比例関数とは何か
グラフをかいてみよう

8時間目 関数なんかこわくない

関数とはどういうもの？

金魚を飼うつもりで右図のような水槽を買いました。
この水槽に水面が１分間に５cm の割合で上昇するように水を入れていきました。
このとき水を入れ始めてから x 分後の水面の高さを y cm とすると、x と y の関係は次のようになります。

x分	0	1	2	3	4	5	6
$y$cm	0	5	10	15	20	25	30

この水槽の例では x と y はいろいろな値をとりますが、x の値が決まるとそれに対応して y の値が１つ決まります。
このようなとき、y は x の関数といい、x や y のように変化する値を変数といいます。
身の回りで変数の例を考えてみましょう。
時間、ロケットの速さ、バネの伸び、温度…いろいろありますね。

関数の歴史

何千年もの歴史がある方程式に比べると、関数の歴史は浅いといえます。

古代ギリシャで扱われた図形や古代インドで扱われた方程式は、どちらも変化を扱う数学ではありませんでした。「変化する自然現象」や「変化と変化のつながり」を数学で扱えるとは考えなかったのです。13世紀ごろからの社会的発展（新しい機械の発明、商品の流通、大航海時代等）が関数の概念を生み出しました。数学で「関数（Function）」という言葉を初めて使ったのは、ドイツの哲学者、数学者のライプニッツ（1646～1716）です。

その後、スイスの大数学者オイラー（1707～1783）が、「変数と定数で組み立てられた式」とFunctionを定め、初めて$y = f(x)$の形で表しました。このような近代的関数の概念は、物理学など応用方面でも使いやすいものとなり、橋や高層建築を作るうえで役に立つものでした。また、関数の研究から生み出された微積分の発展は、科学の驚くべき発展をもたらしました。

ゴットフリート・ヴィルヘルム・ライプニッツ（1646～1716）

ドイツの哲学者、数学者。ライプニッツはニュートンと並んで微積分の創始者として有名ですが、数学以外にも哲学、自然科学など幅広い分野で活躍した学者・思想家として知られており、政治家であり、外交官でもあった人です。17世紀の様々な学問（法学、政治学、歴史学、神学、哲学、数学、経済学、自然哲学（物理学）、論理学等）を統一し、体系化しようとしました。その業績は法典改革、モナド論、微積分法、微積分記号の考案、論理計算の創始、ベルリン科学アカデミーの創設等、多岐にわたります。

量は数で表すことで初めて数学の対象になる

製品の管理や実験には、温度を数量として表すことが絶対に必要です。水が凍る状態の温度を0度、水が沸騰する状態の温度を100度と決めてアルコールや水銀、油など熱さの変化による膨張の仕方が規則的な物質を使って、その体積の増減を計り、温度として表しています。

時間は地球の自転1日を基準に決めていました（現在はセシウムの放出する電磁波の周期で決めています)。高さ（長さ）は、地球の北極から赤道までの長さの1000万分の1を1mとして定義していました（現在は原子の発する電磁波の波長を基準にしています)。

何かの働き（function）

何かを入れると、内部構造はよくわからないが、何らかの作用（function）によって変化して（しない場合も)、あるものが出てくる。

こういうものをブラックボックスといいます。この装置は関数の説明によく使われています。例えば自動販売機を見てみましょう。

110円を入れるとペットボトルのお茶が出てきたりしますよね。

これもブラックボックスの一種です。

中の働きはよくわからないが、ある決まった「働き」があって「1つだけ」出てくるような機械を考えましょう。

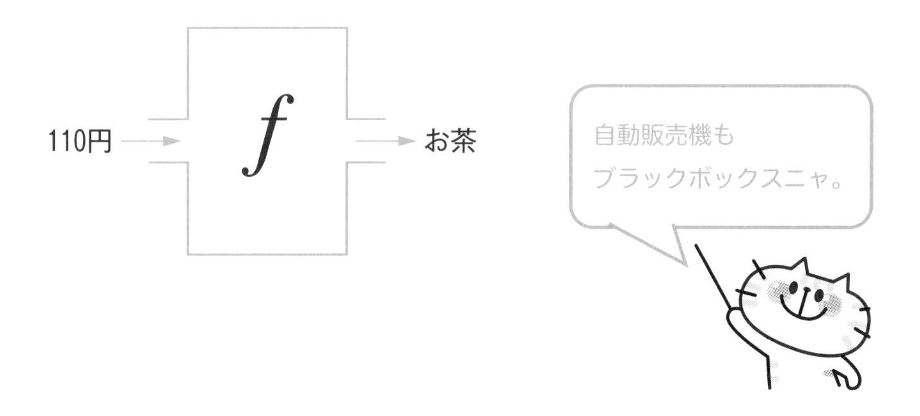

上のブラックボックスに１を入れると、何らかの働きがあって３が出てきました。

次に２を入れると同じ働きで今度は６が、３を入れるとやはり同じ働きで９が出てきました。

その様子を次のように表すことにします。

この働きを f（function）と表現することにします。

次の働きを見つけてみましょう。

$$\begin{pmatrix} 1 \\ 2 \\ 3 \end{pmatrix} \xrightarrow{\quad} \boxed{\; f \;} \xrightarrow{\quad} \begin{pmatrix} 3 \\ 6 \\ 9 \end{pmatrix}$$

（左の列は x、右の列は y）

f はどんな働きをしているでしょうか。そう

「x を３倍すれば y になる」

ですね。

変数 x にある数を入れると f という働きにより変数 y は決まった数に

なります。これを

$$y = f(x)$$

と表します。
上のブラックボックスを式で表せば
$y = f(x) = 3x$ となります。
$x = 5$ のときは

$$y = f(5) = 3\times(5) = 15$$

というように計算します。

$$x \begin{pmatrix} 1 \\ 2 \\ 3 \\ 4 \end{pmatrix} \rightarrow \boxed{f} \rightarrow y \begin{pmatrix} 3 \\ 5 \\ 7 \\ 9 \end{pmatrix}$$

図のブラックボックスではどうでしょうか。
もう「働き f」は切り替わっていますよ。
$x = 1$ を入れると $y = 3$ になるところまでは同じですが、
$x = 2$ を入れると $y = 5$ になりますから、働きが変わっていることがわかります。
今度は
「x を 2 倍して 1 を足せば y になる」
です。式で表せば

$$y = f(x) = 2x+1$$

となります。どちらも x の値が決まれば、それに対応して y の値が 1 つ決まっていますから立派な関数です。

$$y = f(1) = 2\times(1)+1 = 3$$
$$y = f(2) = 2\times(2)+1 = 5$$
$$y = f(3) = 2\times(3)+1 = 7$$
$$y = f(4) = 2\times(4)+1 = 9$$

というように計算しましょう。

➡ 比例関数とは何か

先の水槽の例を見てみましょう。

x分	0	1	2	3	4	5	6
ycm	0	5	10	15	20	25	30

いつも x の値を5倍したものが y になっていますね。
f（働き）は「x を5倍する」です。
したがって、この関数は

$$y = f(x) = 5x$$

と表すことができます。
x の値が2倍、3倍になれば、それに対応する y の値も2倍、3倍になっていることにも注意を払いましょう。これは比例の特徴です。
比例の例を挙げてみましょう。
「一定の速度で移動するときの時間 x（秒）と距離 y（m）」
「物の重さ x（g）とバネの伸び y（cm）」
「パチンコ玉の数 x（個）と重さ y（g）」

いろいろ例を挙げることができますね。
比例の概念は数学の中でも重要な役割を果たしています。
今挙げた例は、現象は違っても同じ数学的構造を持っていて、比例関数という関数になります。比例関数の一般式は

$$y = f(x) = ax$$

と表されます（今後しばらく $f(x)$ は省略します）。
ここで a は比例定数と呼ばれる定数です。
逆にある関係が $y = ax$ と表されるときに「y は x に比例する」と定義します。
比例定数 a は

$$a = \frac{y\text{の値}}{x\text{の値}}$$

で求めることができます。
したがって比例することがわかっていれば、1組の x の値と y の値が示されさえすれば、式を求めることができます。
例えばパチンコ玉10個で55 g ならばパチンコ玉 x（個）と重さ y（g）の関係は

$$y = 5.5x$$

と表すことができます。

歴史上有名な比例関数の式

アルベルト・アインシュタインの有名な式

$$E = mc^2$$

は比例関数の式です。E はエネルギーを、m は質量を、c は光の速度を表しています。

cはいつも一定なので$c^2 = c \times c$は定数です。mとEが変数です。
mをx、Eをyに変えると

$$y = c^2 x$$

となって比例であることがわかりやすくなりますね。 この場合はc^2が比例定数です。
しかし、比例定数があまりにも大きいので、エネルギーは大変な量になります（広島型原爆は質量0.68 g 分の物質がエネルギーに変換されたものです）。

平面や空間も数学の対象に

実は時間や長さのような量だけでなく、私たちの目の前に広がる広漠とした平面や空間も、座標という概念を導入することによって、突然目覚めたようにいきいきとしてきて数学の対象になってきます。平面上の位置を示すには2つの数があれば十分です。

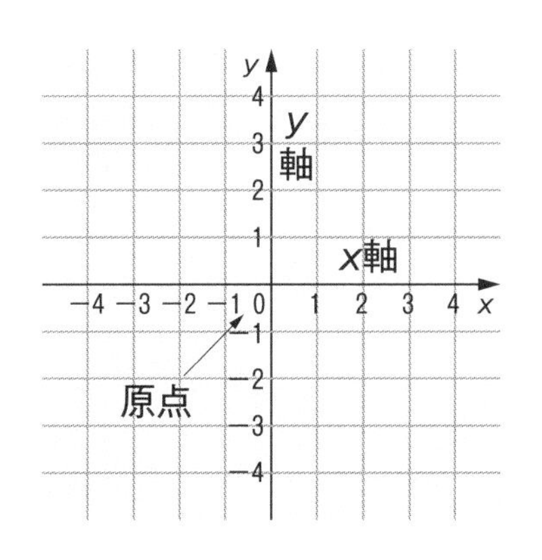

右の図のように点Oで垂直に交わる2つの数直線を考えます。
このとき横の数直線をx軸、縦の数直線をy軸、x軸とy軸を合わせて座標軸、座標軸の交点Oを原点といいます。

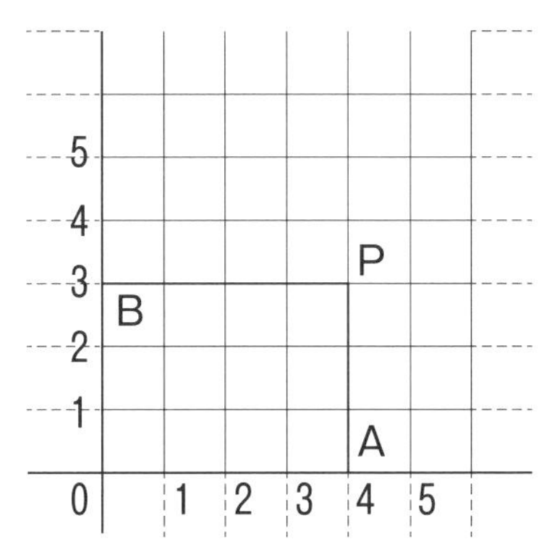

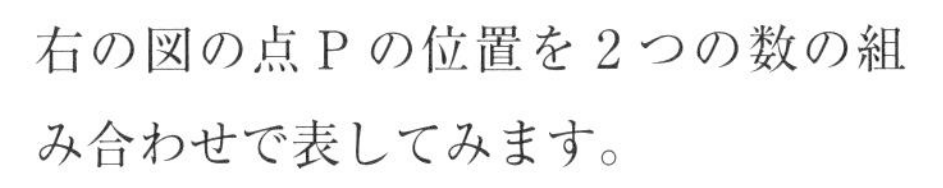
右の図の点Pの位置を2つの数の組み合わせで表してみます。
点Pからx軸、y軸にそれぞれ垂直な

直線PA, PBを引くと点Aのx軸上の目盛りは4、Bのy軸上の目盛りは3となりますが、この組み合わせを（4, 3）と表します。
このとき4を点Pのx座標、3を点Pのy座標　（4, 3）を点Pの座標といいます。
点PをP（4, 3）と表すこともあります。また座標軸によって定められる平面を座標平面といいます。
２つの実数（有理数と無理数を合わせた数）によって平面上の点の位置を表すという方法は、デカルトによって発明され、『方法序説』の中で初めて用いられました。座標、座標平面によって、後の解析幾何学の発展の基礎が築かれました。
あるとき部屋に紛れ込んだハエを見ていたデカルトが、「ある1点を原点として、ハエの位置を3つの実数(x, y, z)の組で表せば、空間内のどんな位置であっても表すことができる」ということに気がついたという伝説があります。
これは革命的な大発見で、原点と軸の向きさえ決めてしまえば、平面上のどの点を取り上げても、その点だけに当てはまる数の組をあてがうことができ、その数の組から直ちに点の位置が割り出せるという特徴があります。つまり点の「住所」を決めることができるようになったというわけです。しかも、座標軸は距離と限らず、時間であっても重さであっても良いのです。この発見により、数学も自然科学も急速に進歩します。

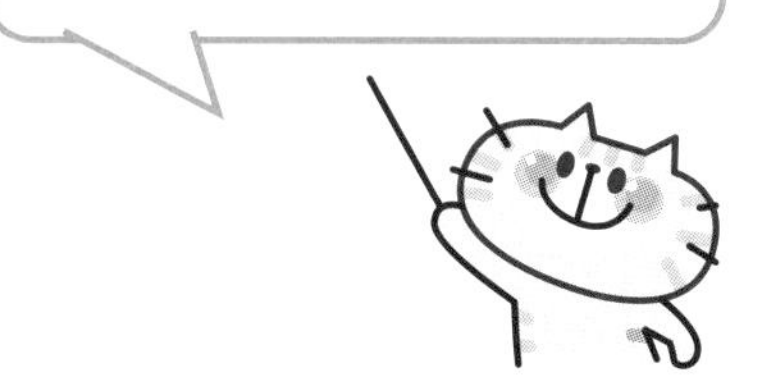

グラフをかいてみよう

では$y = 2x$のグラフをかいてみましょう。まずは対応表を完成します。

x	…	−2	−1	0	1	2	3	4	…
y	…	−4	−2	0	2	4	6	8	…

この x と y の値を座標として座標平面に書き入れます。

(−2, −4) (−1, −2) (0, 0) (1, 2) (2, 4) (3, 6) (4, 8) …

x には整数だけでなく、0.1おき、0.01おきに代入していくと、点の集まりが次のような直線になっていきます。

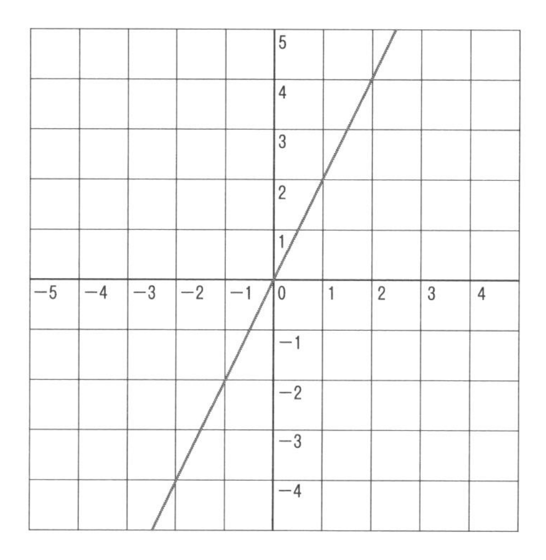

➡ 反比例関数とは何か

面積が 6 cm² で縦と横は自由に伸び縮みする長方形を考えましょう。

横の長さを x cm、

縦の長さを y cm とすると

x と y の関係は次の表のようになります。

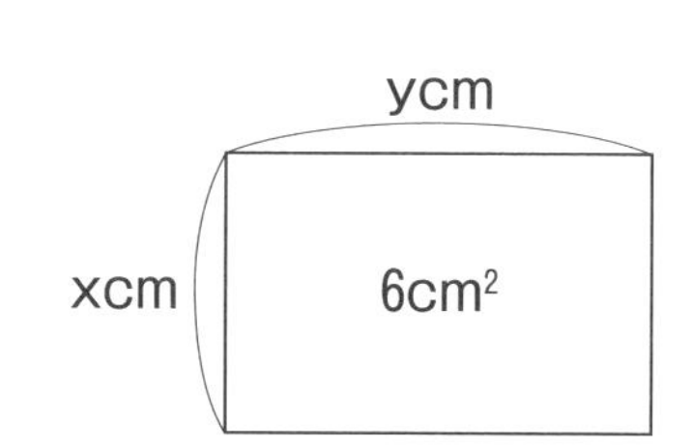

xcm	1	2	3	4	5	6
ycm	6	3	2	1.5	1.2	1

表を見てもわかるように x の値と y の値をかけると一定の値 6 になっていますね。
x の値と y の値をかけるといつも a という定数になるとき

$$xy = a$$

という式が成り立ちます。
この式において両辺を x で割ると $y = \frac{a}{x}$ と変形できます
(x は 0 にならない)。
$f(x)$ を使うと

$$y = f(x) = \frac{a}{x}$$

これが反比例の一般式であり、
逆に言えば x と y の値の関係がこの式になるとき、反比例であるといいます。また、x の値が 1 つ決まると、y の値もただ 1 つに決まります。
すなわち y は x の関数になります。
a は比例定数と呼ばれる定数です。

反比例の特徴、比例定数を求める

対応表をうめて比例定数が同じ 6 である比例と反比例の特徴をそれぞれ比べてみましょう。
比例関数では x の値を 2 倍、3 倍すれば、それにつれて y の値も 2 倍、3 倍になりましたが、反比例の場合は先ほどの表でもわかるように、
x の値が 2 倍、3 倍…になれば y の値は、$\frac{1}{2}$、$\frac{1}{3}$…になります。

比例関数の比例定数の求め方は（y の値）÷（x の値）でしたが
反比例関数の比例定数は（y の値）×（x の値）で求めます。
次の x と y の関係は反比例です。
8 km の道のりを x km/時 で進むと y 時間かかる。
比例定数は 8 です。したがって反比例の式は

$$y = \frac{8}{x}$$

となります。

距離が一定なら
速さと時間は反比例ニャ。

グラフをかいてみよう

次の対応表を完成して　$y = \dfrac{6}{x}$ のグラフをかいてみます。

x	…	−6	−4	−3	−2	−1	…	1	2	3	4	6	…
y	…	−1	−1.5	−2	−3	−6	…	6	3	2	1.5	1	…

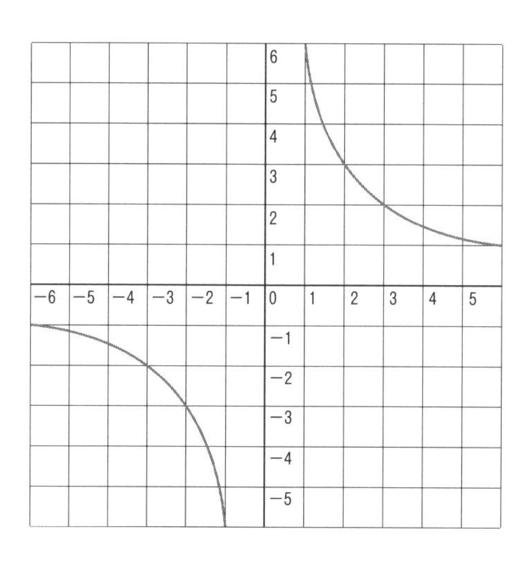

ところで x の値をどこまでも大きくしていくと、y は0にならないのでしょうか？

反比例 $y=\dfrac{1}{x}$ のグラフで x の値を大きくしていってみましょう。

分母 x の値を100、1000、10000…と段々大きくしていくと y の値は

0.01 → 0.001 → 0.0001 → 0.00001 → 0.000001 → 0.0000001…

→ 0.00000…001 と 0 に近づいていくということです。

ではいつか 0 になってしまうのでしょうか？

そんなことはないですが、どこまでも 0 に近い値になります。

どこまでも近づくのに永遠に届かない

次のような例をみてみましょう。

K 君は何か不思議な部屋に迷い込んでしまいました。見れば、自分の 2 m 先にケーキが置いてあります。おいしそうなので近づこうとしますが、何とその部屋では 1 歩踏み出すごとに、体の大きさが半分になってしまうのです。

最初の歩幅を 1 m とすると、次の歩幅は $\dfrac{1}{2}$ m、その次の歩幅は $\dfrac{1}{4}$ m です。

はたして K 君はケーキを食べることができるのでしょうか？

$$1+\frac{1}{2}+\frac{1}{4}+\frac{1}{8}+\cdots$$

$$=1+\left(\frac{1}{2}\right)+\left(\frac{1}{2}\right)^2+\left(\frac{1}{2}\right)^3+\cdots$$

という計算をしていくと 2 m に届くかという話ですが次のように考えると届かないことがわかります。

まず最初の１歩は１m
２歩目は残り１mの半分
つまり $\frac{1}{2}$m
３歩目はその残りの半分で $\frac{1}{4}$m…
というように考えていけば、
どれだけ進んでも、２mに
到達することが不可能である
ことがわかると思います。

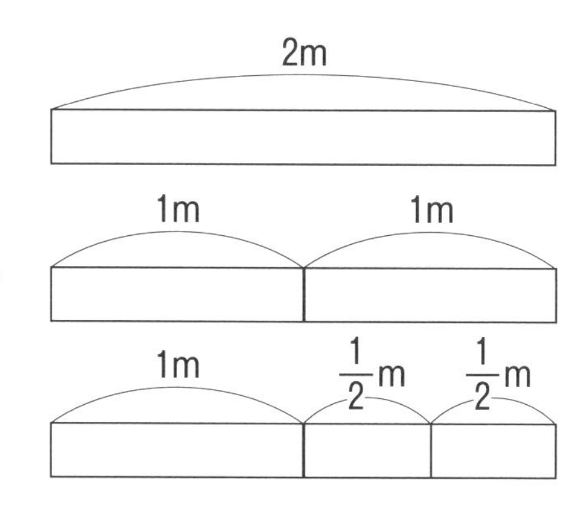

つまりどれだけ進んでもある限界を突破できない場合があるのです。

次のような問題をやってみましょう。
原点O、比例のグラフと反比例 $y=\frac{8}{x}$ のグラフの交点P、交点から x 軸におろした垂線と x 軸との交点Qが作る三角形POQの面積を求めてください。

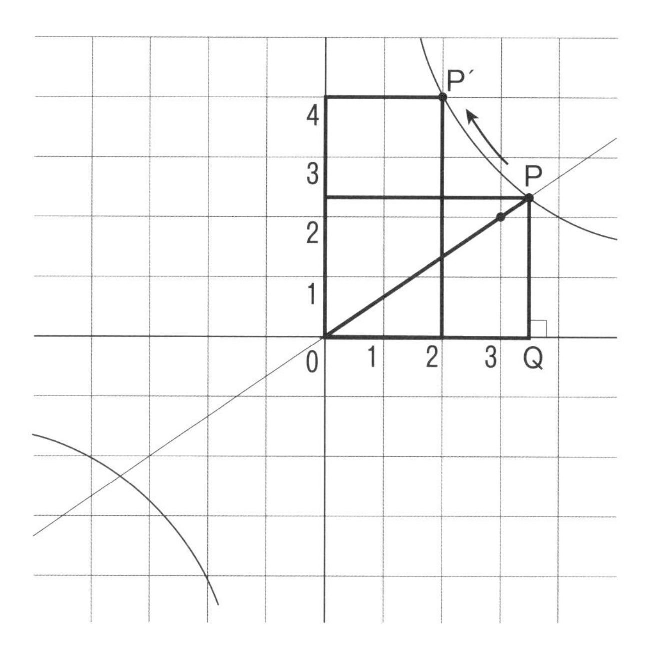

8時間目 関数なんかこわくない

難しく考える必要はありません。

比例の直線と反比例 $y = \dfrac{8}{x}$ の交点Ｐがどこにあっても

原点とＰを頂点とする長方形の面積は同じで

$S = \dfrac{1}{2} \times 2 \times 4 = 4$

答　4

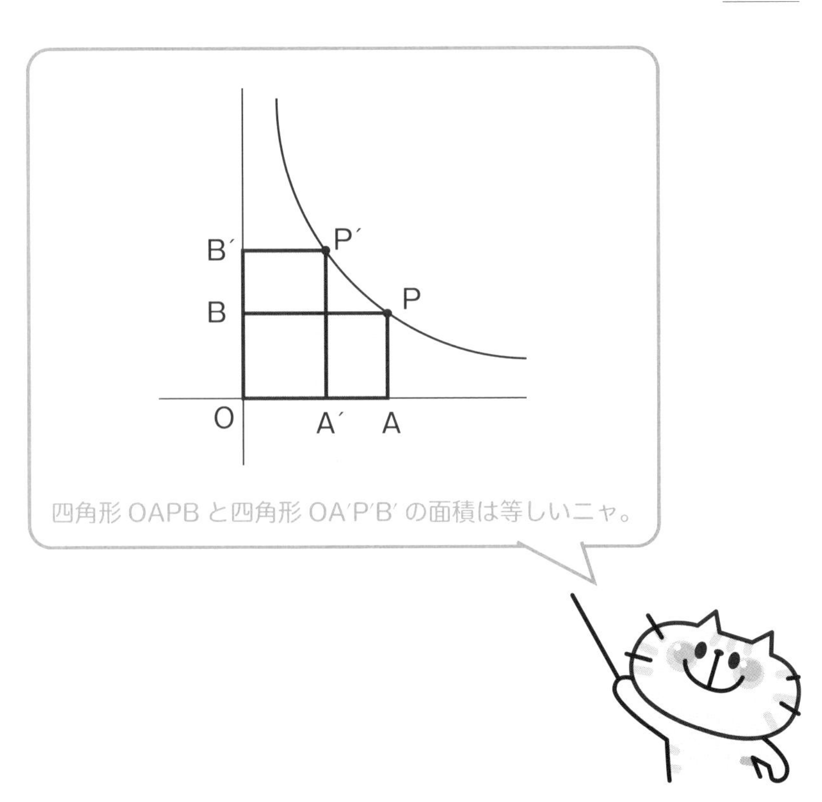

9 時間目

関数なんかこわくない 1次関数

1次関数とは何か
変化の割合って何だっけ？
グラフをかいてみよう
連立方程式をグラフを使って解こう
連立方程式を解いて2直線の交点の座標を求めよう

関数なんかこわくない 1次関数

1次関数とは何か

深さ27 cm の水槽に 3 cm の高さまで水が入っています。

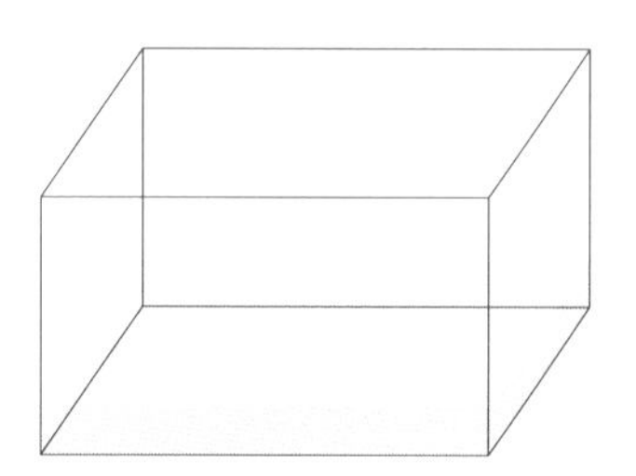

この水槽に 2 cm/分の割合で
水面が高くなるように水を入れるとき、
水を入れ始めてから x 分後の水面の高さを
y cm とするとき、

x の値が 1 つ決まれば、それに対応して
y の値がただ 1 つに決まるので、
y は x の関数といえます。では y を x の式で表してみましょう。
時間が 0 分のときは 3 cm
1 分後は 3 cm＋2 cm/分×(1)分
2 分後は 3 cm＋2 cm/分×(2)分
というように進み時間が変数 x であることがわかります。
x と y の対応表を作ると

x(分)	0	1	2	3	4	…
y(cm)	3	3+2×(1)	3+2×(2)	3+2×(3)	3+2×(4)	…

x と y の関係は

$y = 3+2x$ → (最初の水の高さが3)+(増えた分の水の高さが $2x$)

となりますが

右辺の $3+2x$ は1次式で、

$y = 2x+3$

とも表すことができます。

y が x の関数で y は x の1次式で表されるとき

y は x の**1次関数**であるといいます。

一般に1次関数は

$$y = ax+b \qquad (a, b \text{は定数})$$

1次関数 $y = ax+b$ において $b = 0$ の場合は $y = ax$ になるから、

比例は1次関数の特別な場合といえます。

➡ 変化の割合って何だっけ？

次に1次関数の値の変化の様子を、数で表すことを考えましょう。

次の表は $y = 2x+1$ について x の値に対応する y の値を求め、

x の増加量に対する y の増加量を調べたものです。

1　1　1　1　1　1　1　1　1

x	1	2	3	4	5	6	7	8	9	…
y	3	5	7	9	11	13	15	17	19	…

2　2　2　2　2　2　2　2　2

2　2　2　2

x	1	2	3	4	5	6	7	8	9	…
y	3	5	7	9	11	13	15	17	19	…

4　4　4　4

	3			3			3			
x	1	2	3	4	5	6	7	8	9	…
y	3	5	7	9	11	13	15	17	19	…
	6			6			6			

この対応表をみると x の増加量が一定であるとき、y の増加量も一定であることがわかります。
また、1次関数の場合、次のように x の増加量に対する y の増加量の割合はすべて x の係数 a に等しくなります。

$$\frac{y\text{の増加量}}{x\text{の増加量}} = \frac{2}{1} = \frac{4}{2} = \frac{6}{3} = 2$$

x の増加量に対する y の増加量の割合を**変化の割合**といいます。

$$\text{変化の割合} = \frac{y\text{の増加量}}{x\text{の増加量}}$$

1次関数の変化の割合は
いつも一定ニャ。

1次関数の変化の割合
1次関数 $y = ax + b$ の「変化の割合」は x の増加量に関わらず一定です。そしてその値は x の係数 a に等しい。

グラフをかいてみよう

1次関数 $y = 2x+3$ について、対応する x と y の表をもとに、グラフを完成しましょう。

x	…	−2	−1	0	1	2	3	…
y	…	−1	1	3	5	7	9	…

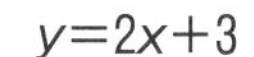

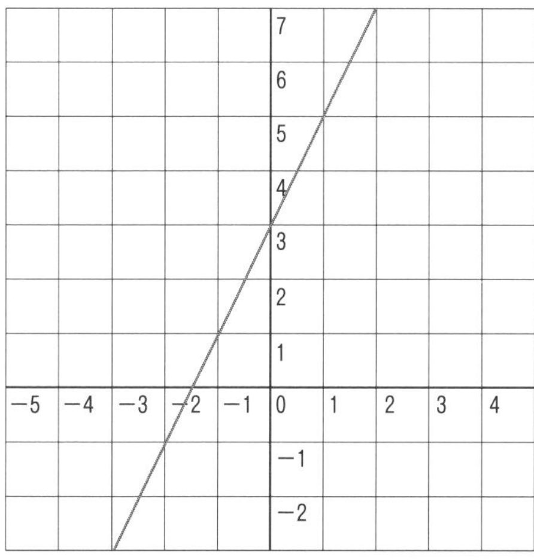

1次関数 $y = ax+b$ のグラフは比例のグラフ $y = ax$ を y 軸の正の方向に b だけ平行移動した直線です。

1次関数 $y = ax+b$ のグラフを「直線 $y = ax+b$」といいます。

$y = ax$ のグラフは原点を通るから $y = ax+b$ のグラフは点 $(0, b)$ を通

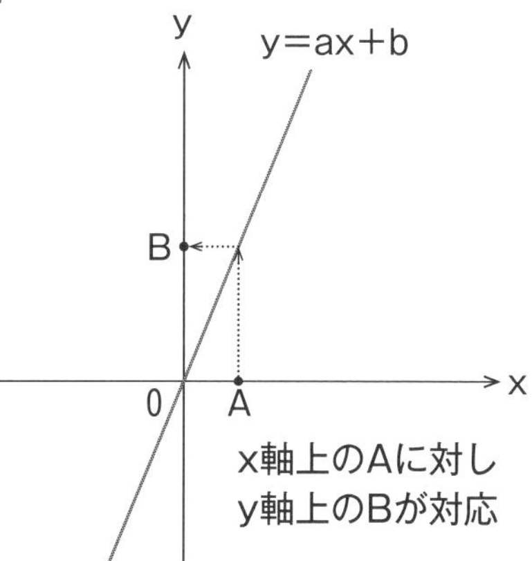

ります。

a の値をこの直線の傾きといい、b の値を切片といいます。

１次関数のグラフは比例のグラフを平行移動したものですから、やはり x 軸上のすべての実数の集合は、１次関数によって y 軸上にある実数の集合と、１対１対応になっています。

１次関数のグラフの書きかた

直線がその上の２点で決まることを用いて、１次関数のグラフをかいてみましょう。

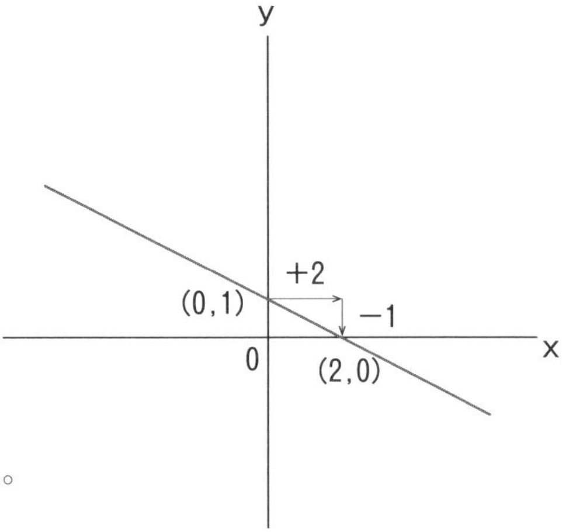

まず１次関数 $y = -\frac{1}{2}x+1$

のグラフです。

切片は１だから点（0, 1）

を通る。

傾きは $-\frac{1}{2}$ だから

点 (0, 1) から右へ２、

下へ１進んだ点 (2, 0) を通る。

よってグラフは

y
+2
(0,1)
−1
x
0
(2,0)

２点（0, 1）（2, 0）を通る直線で、上のようになります。

２元１次方程式のグラフ

文字が２種類ある１次方程式を、２元１次方程式といいます。

次は、２元１次方程式の解を、それらを座標とする点の集まりとして図に表す方法を考えます。

２元１次方程式 $2x+y=3$ を成り立たせる x, y の組を、次の対応表に書き入れ、それらを座標とする点 (x, y) を座標平面に書き入れてみます。

x	−2	−1	0	1	2	3	4
y	7	5	3	1	−1	−3	−5

すると次の図のように座標が１直線上に並びます。

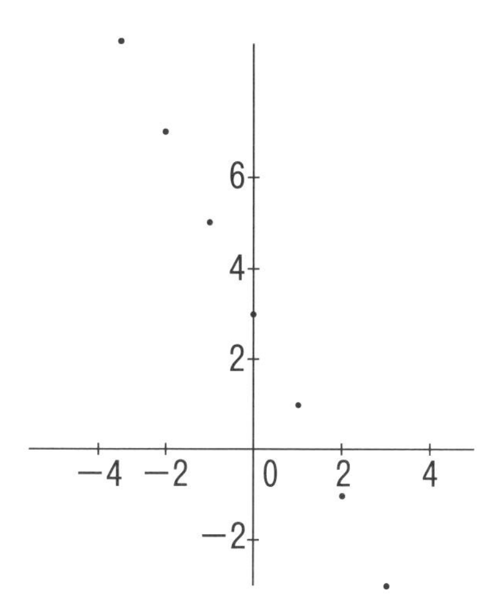

$2x+y=3$…①では x の値が１つ決まると、それに対応して y の値がただ１つに決まります。したがって y は x の関数であるといえます。

この２元１次方程式①で $2x$ を移項すると

$y=-2x+3$…②

となり、①と②は同じ関係を表しています。

したがって２元連立方程式 $2x+y=3$ の解を座標とする点の集まりは１次関数 $y=-2x+3$ のグラフと一致し、直線になります。

この直線を２元連立方程式 $2x+y=3$ のグラフといいます。

連立方程式をグラフを使って解こう

鶴と亀が合わせて6匹います。足の数の合計は16本でした。

鶴と亀はそれぞれ何匹でしょうか？

という問題をグラフで解いてみましょう。

まず鶴をx羽、亀をy匹として式をつくると

$$\begin{cases} x+y=6 & \cdots① \\ 2x+4y=16 & \cdots② \end{cases}$$

このまま計算で解くこともできますが、今回はグラフを使って解いてみましょう。

①より $y=-x+6 \quad \cdots①'$

②より $4y=-2x+16$

この式の両辺を4で割って

$$y=-\frac{1}{2}x+4 \quad \cdots②'$$

①′と②′をグラフで表すと

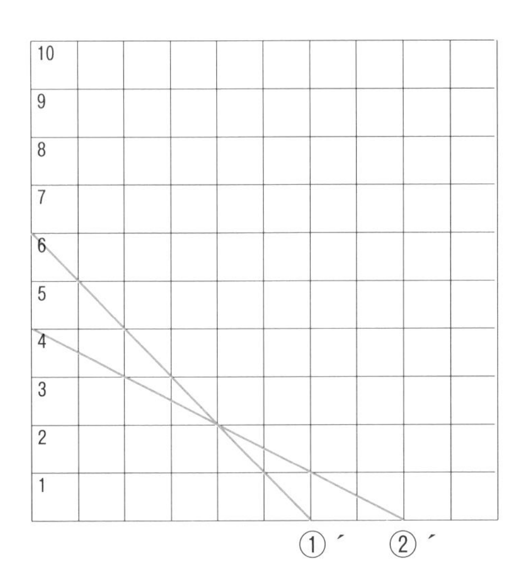

鶴と亀の数は自然数だけですから、本当は線にはならず点だけのグラフになりますが、それではわかりにくいので直線にしました。もともと「連立方程式を解く」とは２本の直線の共有点を求めることを意味しています（２本が平行の場合は共有点はありません）。
この２つの式のグラフの交点（4,2）が解を示しています。
この交点は式①′上にも②′上にもある点、すなわち
式をともに成り立たせる $x=4,\ y=2$ が連立方程式

$$\begin{cases} x+y=6 & \cdots① \\ 2x+4y=16 & \cdots② \end{cases}$$

の解となります。
すなわち鶴４羽、亀２匹です。

➡ 連立方程式を解いて２直線の交点の座標を求めよう

今度は逆に２直線の交点を連立方程式から求めることを考えます。
下の図において直線 l、m の交点の座標を求めてみましょう。

グラフから交点の座標を読み取るのは難しいので、今度は式 l、m の方程式をもとに交点の座標を求めてみましょう。

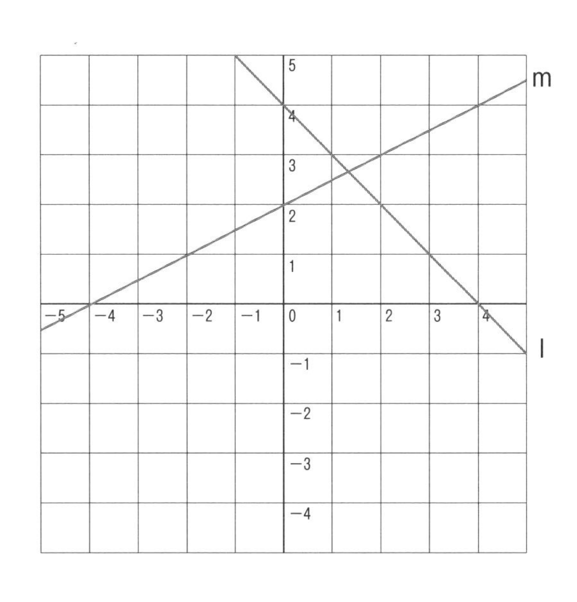

直線 l の式は
$y=-x+4\cdots①$
直線 m の式は

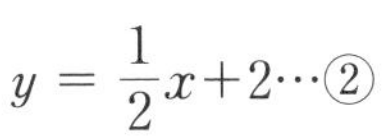

$y=\dfrac{1}{2}x+2\cdots②$

①を②に代入すると

$$-x+4=\frac{1}{2}x+2$$

これを解いて

$x=\dfrac{4}{3}$ となるので

これを①に代入して

$y=\dfrac{8}{3}$ となります。

こういう解き方を**代入法**といいます。

$$x=\frac{4}{3},\quad y=\frac{8}{3}$$

したがって交点の座標は $\left(\dfrac{4}{3}, \dfrac{8}{3}\right)$

問題に挑戦

（1）次の図において
2直線の交点の座標を
求めましょう。

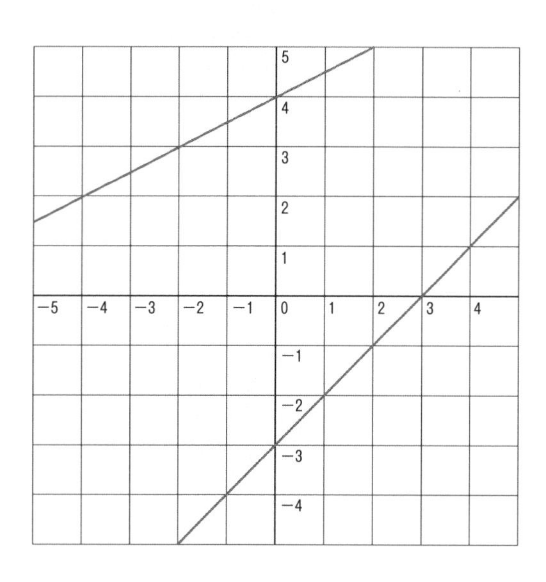

上の直線の傾きは$\dfrac{1}{2}$、切片は4だから直線の式は$y = \dfrac{1}{2}x+4$　…①
下の直線の傾きは1、切片は－3だから直線の式は$y = x-3$　…②
したがって
①、②を連立方程式として

$$\begin{cases} y = \dfrac{1}{2}x+4 \\ y = x-3 \end{cases}$$

これを代入法で解いて

$$\begin{cases} x = 14 \\ y = 11 \end{cases}$$

答（14，11）

（2）グラフの上に墨をこぼしてしまい、ちょうど切片のところがわからなくなりました。計算で下の直線の式を求めましょう。

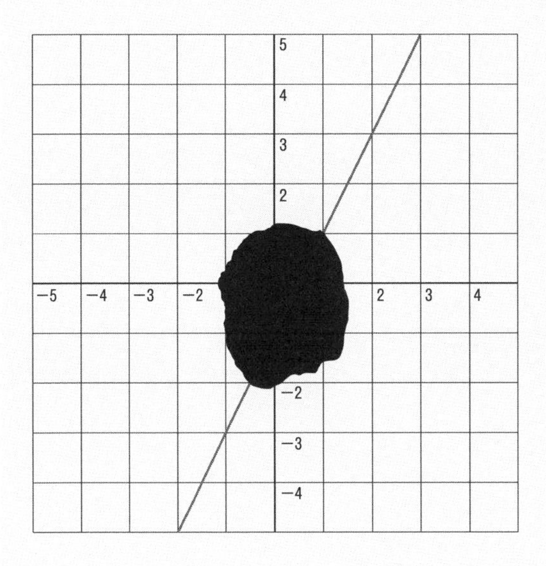

グラフより直線（$y = ax + b$）の傾き a は2とわかります。

また（2, 3）を通ることもわかりますので

$y = 2x + b$ に $x = 2$、$y = 3$ を代入して b を求めます。

$3 = 2 \times 2 + b$ より　$b = -1$

答　$y = 2x - 1$

（3）以下のダイヤグラム（9時～10時）を見て次の問に答えてください。

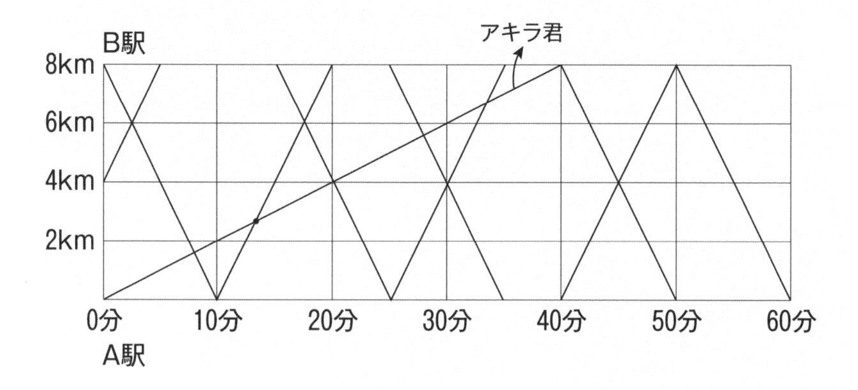

アキラ君がA駅を9時に自転車（12 km/時）で線路沿いの道をB駅まで走ったとき、9時10分A駅発の電車に追い抜かされる時刻を求めてみましょう。

自転車も電車も x 分で y km 進むとします。

アキラ君の走るグラフを図に書き入れてみましょう。

まず、彼は時速12 km で走りますから分速に直すと

$\frac{12}{60} = \frac{1}{5}$ km/分

9時 x 分に y km のところにいるとすると

$y = \frac{1}{5}x$　…①

という比例の式になります。

9時10分A駅発の電車は10分間に8km走りますから

分速に直すと

$$\frac{8}{10}=\frac{4}{5}$$

$$y=\frac{4}{5}x+b$$

に $x=10$、$y=0$（10分のとき0kmであることがグラフからわかる）を

代入して b を求めると

$$y=\frac{4}{5}x-8 \quad \cdots②$$

①、②の連立方程式を解いて $x=\frac{40}{3}=13\frac{1}{3}$

$\frac{1}{3}$分 $=60\times\frac{1}{3}=20$(秒)

答　9時13分20秒

10時間目

関数なんかこわくない
2乗に比例する関数

2乗に比例する関数とは何か
グラフをかいてみよう
変化の割合って何だっけ？
知っているとカッコイイ微分とは

関数なんかこわくない 2乗に比例する関数

➡ 2乗に比例する関数とは何か

真空中でボールを落下させたとき、時間と落下距離にはおよそ次のような関係があります。

x秒	0	1	2	3	4
ym	0	5	20	45	80

式で表すと

$$y = 5x^2$$

となります。対応表を作り負の領域まで範囲を広げてグラフをかいてみると

x	−4	−3	−2	−1	0	1	2	3	4
y	80	45	20	5	0	5	20	45	80

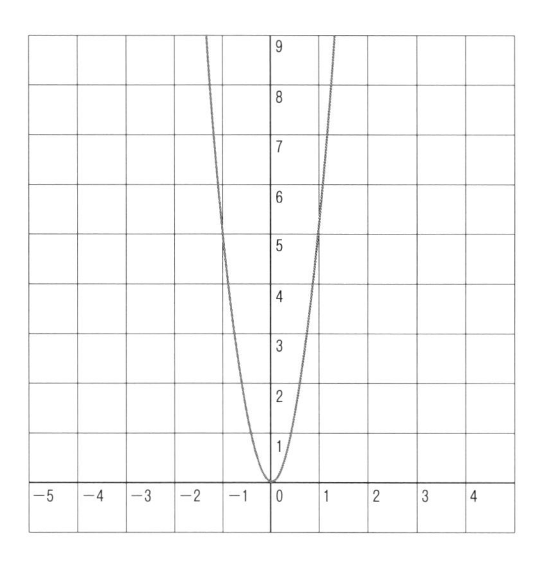

計算をしやすくするために x^2 の係数5を1にすることを考えます。係数は、ボールを直接落とすのではなく斜面を転がすことによって速度を調整し、1にすることができます。ガリレオも観測を容易にするために使った方法です。

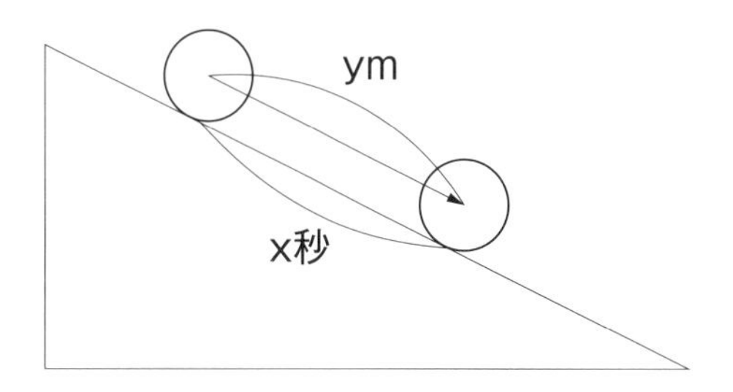

$y = f(x) = x^2$ の対応表とグラフを負の領域まで含めてかくと、次のような放物線といわれる曲線のグラフになります。

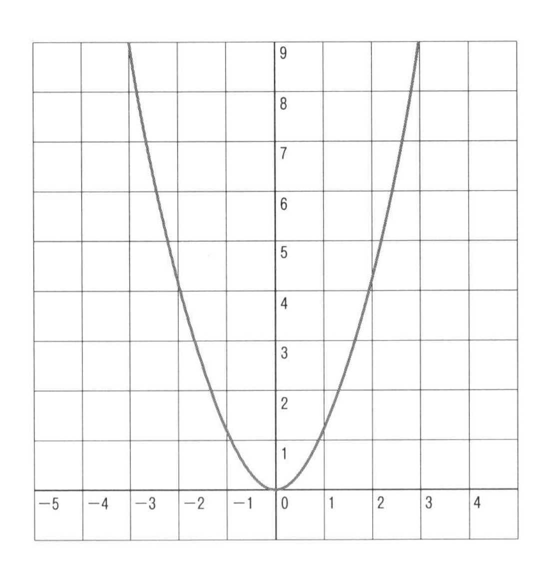

グラフをかいてみよう

関数 $y = x^2$ と比較しながら $y = -x^2$ のグラフをかいてみましょう。
以下対応表をかいてみると

x	…	-2	-1.5	-1	-0.5	0	0.5	1	1.5	2	…
$y=x^2$	…	4	2.25	1	0.25	0	0.25	1	1.25	4	…
$y=-x^2$	…	-4	-2.25	-1	-0.25	0	-0.25	-1	-1.25	-4	…

ある x に対応する $y = -x^2$ の値は同じ x の値に対応する $y = x^2$ の値と絶対値（正負の符号をとりさった数）が等しく、正負の符号が反対になっています。したがって、関数 $y = -x^2$ の値は、関数 $y = x^2$ のグラフ上の各点と x 軸について対称な点が集まっていることがわかります。すなわち関数 $y = -x^2$ のグラフは関数 $y = x^2$ のグラフを、x 軸を軸として対称移動（鏡のように対称的になる移動）したものです。

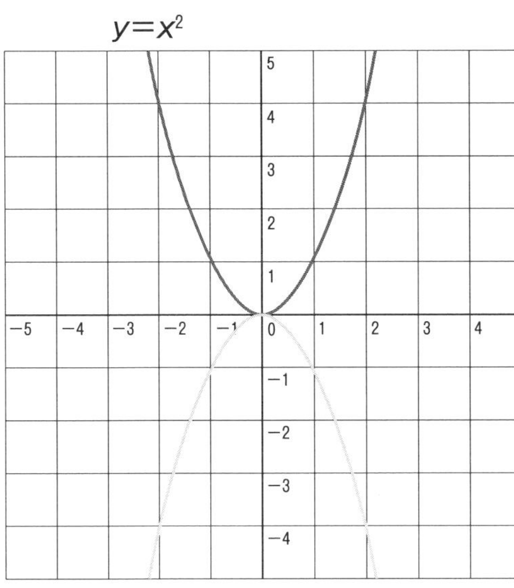

$y=-x^2$

次に $y=2x^2$ と $y=\frac{1}{2}x^2$ のグラフの開き具合を見てみましょう。

$y=\frac{1}{2}x^2$　　　　　$y=2x^2$

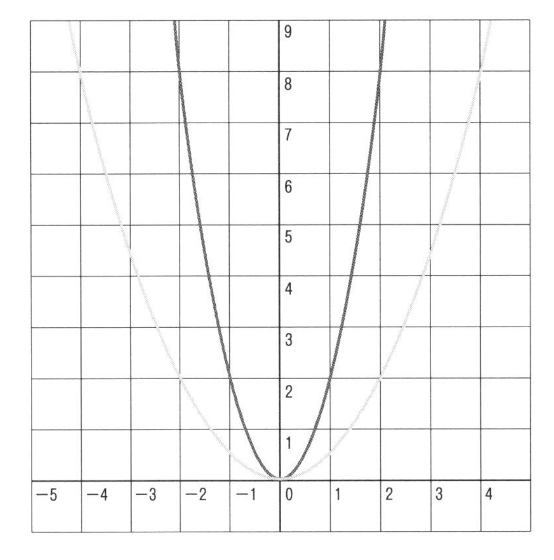

$y = ax^2$ のグラフでは $a > 0$ の場合 a の値が大きいほど開き具合が小さくなります。

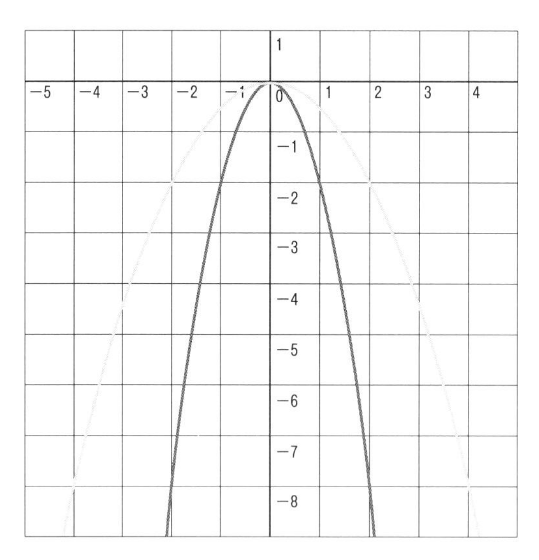

$y = -\frac{1}{2}x^2$　　　　　　$y = -2x^2$

上のグラフを見ればわかるように $a < 0$ の場合は a の値が大きいほど開き具合が大きくなります。

ようするに a の絶対値が大きいほどグラフの開き具合は小さくなるのですね。

しかし、$y = ax^2$ のグラフは、実はみな相似形（形が同じ）なのです。

日盛りを変えて見ればわかります。

$y = x^2$ のグラフ

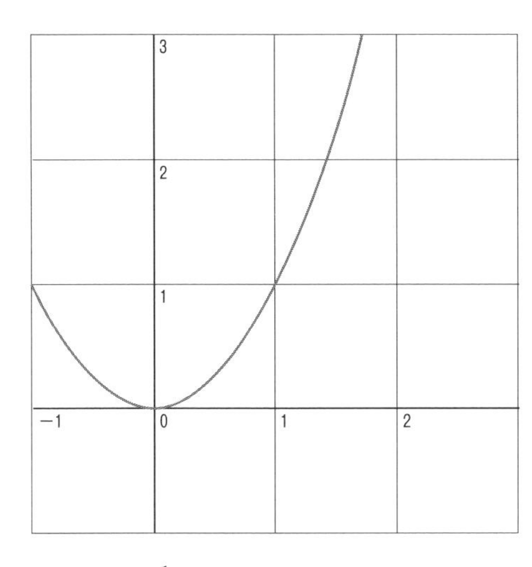

下は $y = \frac{1}{2}x^2$

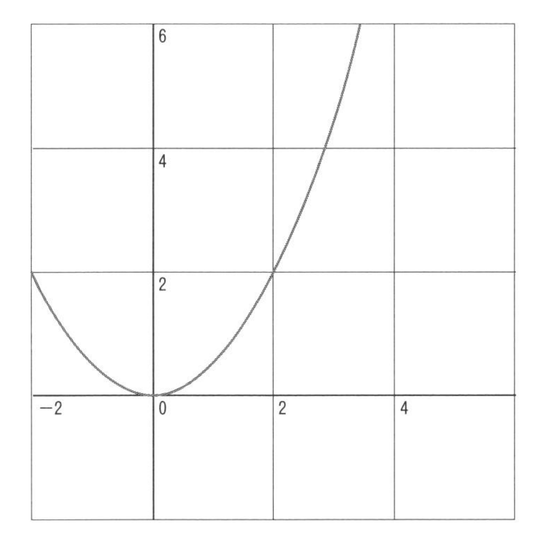

上のグラフの目盛りの数値を２倍にすれば２つのグラフは重なってしまうことがわかると思います。

➡ 変化の割合って何だっけ？

1次関数 $y = ax + b$ の変化の割合、すなわち

$\frac{y\text{の増加量}}{x\text{の増加量}}$

は一定で、x の係数 a に等しいのでした。

また変化の割合は、グラフでは直線の傾きを表していました。

しかし $y = ax^2$ のグラフは曲線。変化の割合は一定ではありません。

次の対応表は、関数 $y = x^2$ について x の値が1ずつ増加するときの y の増加量を調べたものです。

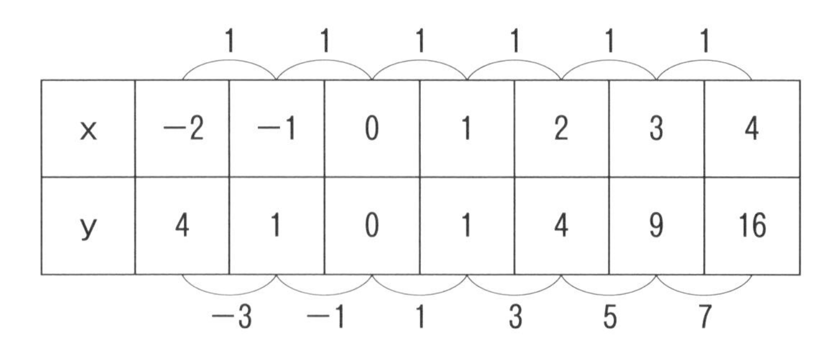

x	−2	−1	0	1	2	3	4
y	4	1	0	1	4	9	16

x の増加量を1にしていますから、変化の割合は y の増加量に等しくなります。

変化の割合はどんどん変わっていますね。

またこの関数で例えば $x = 0$ から $x = 2$ まで増加するときの変化の割合は

$$\frac{4-0}{2-0} = 2$$

ですが、この値はグラフ上では（0, 0）（2, 4）を通る直線の傾きを表しています。

x	0	2
y	0	4

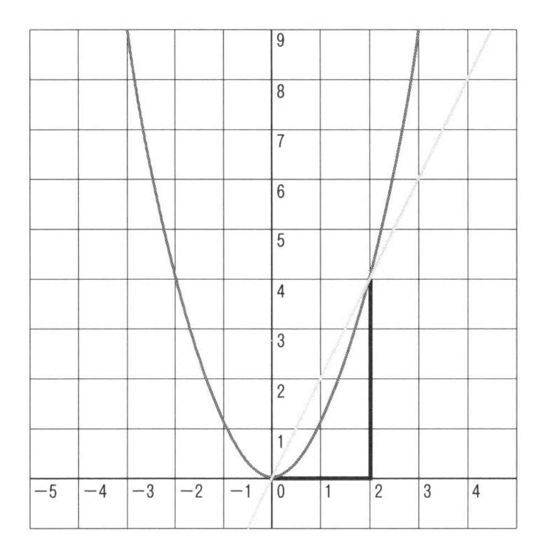

関数 $y = ax^2$ の変化の割合は、１次関数の変化の割合と違って、一定ではありません。

知っているとカッコイイ微分とは

もう一度落下の問題に戻ってみましょう。

計算をしやすくするために x^2 の係数５を１にすることを考えましたね。

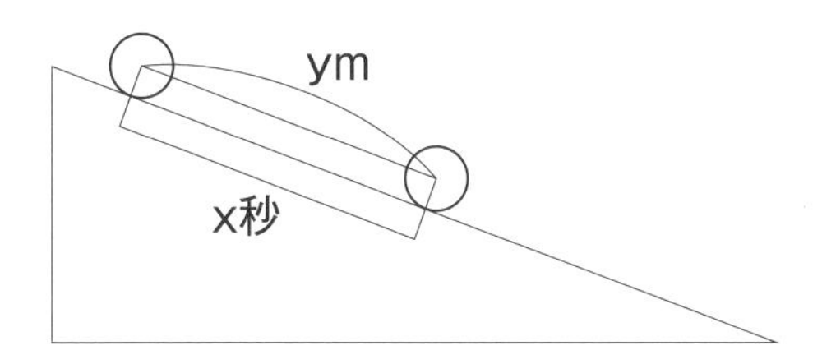

説明を簡単にするため $y = x^2$ とします。
これはよく知られている（負の領域も入れた）放物線のグラフとなります。

ボールが落下し始めてから２秒後の瞬間速度を求める方法を考えてみましょう。２秒後の瞬間速度って？速度は「距離÷時間」で求めます。
どんな数でも０で割ることはできないので、時間の幅を０とすると速度を求めることができません。そこで時間の幅を段々せばめていくとどうなっていくか考えてみましょう。
関数で x 軸を時間、y 軸を距離としたとき「変化の割合」が平均速度にあたります。
今 $x = 2$ から $x = 4$ までの変化の割合を求めてみます。
したがって

x	2	4
y	4	16

$$x = 2\text{から}x = 4\text{までの変化の割合} = \frac{y\text{の増加量}}{x\text{の増加量}} = \frac{16-4}{4-2} = 6$$

この場合、変化の割合は $\frac{\text{距離}}{\text{時間}}$ ですから、６は２秒後から４秒後までの平均速度６ m/秒 を表しています。
また６はグラフでは（2, 4）と（4, 16）を通る直線の傾きを表します。

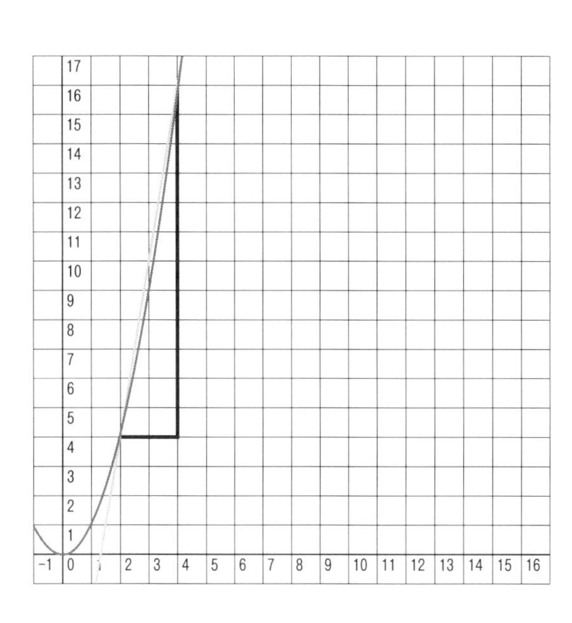

次は $x=2$ から $x=3$ までの変化の割合を求めましょう。

x	2	3
y	4	9

$$x=2 \text{ から } x=3 \text{ までの変化の割合} = \frac{y\text{の増加量}}{x\text{の増加量}} = \frac{9-4}{3-2} = 5$$

この場合、変化の割合5は2秒後から3秒後までの平均速度を表しています。

同様にして $x=2$ から $x=2.1$ までの変化の割合を求めてみます。

x	2	2.1
y	4	4.41

$x=2$ から $x=2.1$ までの変化の割合 $=\dfrac{y\text{の増加量}}{x\text{の増加量}}=\dfrac{4.41-4}{2.1-2}=4.1$

では $x=2$ から $x=2.01$ ではどうでしょうか

x	2	2.01
y	4	4.0401

$x=2$ から $x=2.01$ までの変化の割合 $=\dfrac{y\text{の増加量}}{x\text{の増加量}}=\dfrac{4.0401-4}{2.01-2}$

$=4.01$

2秒後からの時間の幅を 2 → 1 → 0.1 → 0.01
と縮めていくと平均速度は
6(m/秒) → 5(m/秒) → 4.1(m/秒) → 4.01(m/秒)
と 4(m/秒) に近づいていく様子が見えてきます。

そこでもっともっと時間の幅を小さくしてみましょう。
そのためにはあの便利な文字を使えばいいのです。
$x=2$(秒) から $x=2+h$(秒) までの平均速度を考えましょう。
2秒後から $(2+h)$ 秒後までの平均速度は、$x=2$ から $x=2+h$ までの変化の割合と一致して

x	2	$2+h$
y	4	$(2+h)^2$

$(2+h)^2$ は展開公式を使って展開すると $4+4h+h^2$ となりますから

$x = 2$ から $x = 2+h$ までの変化の割合

$$= \frac{(4+4h+h^2)-4}{(2+h)-2} = \frac{4h+h^2}{h} = \frac{h(4+h)}{h}$$

h で約分すると

$(4+h)$ m/秒

となりますが、ここで h を限りなく 0 に近づけると「変化の割合」は限りなく 4 に近づくことになります（h は時間の幅なので 0 にはできません）。

このことを以下の式で表します。

この結果はボールが落下して 2 秒後の瞬間速度が 4 m/秒 であることを示しています。

グラフで表すとこの 4 m/秒 は放物線 $y = x^2$ の、$x = 2$ における接線の傾きを示しています。

接線の厳密な定義は難しいので

今は「一点を共有している」

と直観的に理解しておいてください。

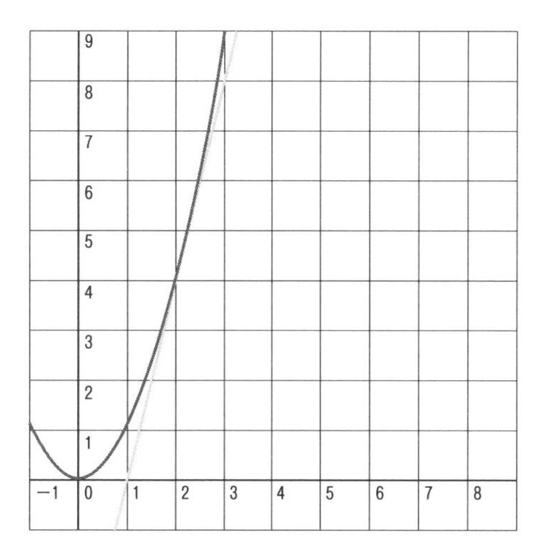

$x = 2$ という特定の時刻を選んで瞬間速度を求めましたが、ここでも 2 ではなく文字で $x = a$ と置き換えると、どの時刻における瞬間速度も求めることができます。
このように曲線の接線の傾きを求めることを微分するといいます。
ここでは、積分についての説明は控えますが、
ニュートンやライプニッツによる微分積分の発見は世界を変えるほどの出来事でした。

11 時間目

いろいろな円のお話

円周角の定理について
円周角の定理の逆について
円周角と弧について
円の接線の長さについて
円に内接する四角形について
接線と弦のつくる角について

いろいろな円のお話

円周角の定理について

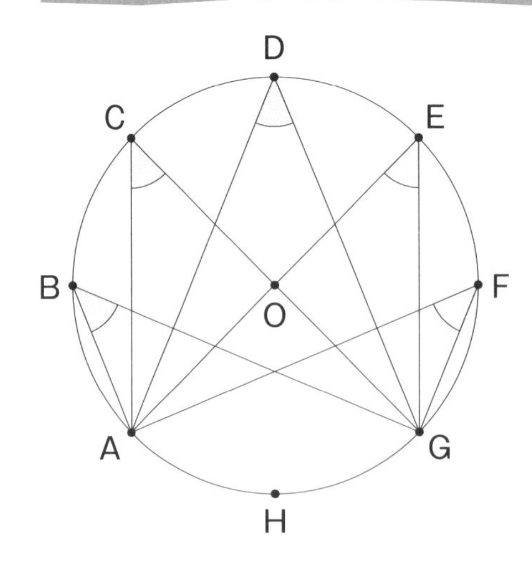

左の図のように、円Ｏの周を８等分する点を点Ａ、Ｂ、Ｃ、Ｄ、Ｅ、Ｆ、Ｇ、Ｈとするとき、∠Ｂ、∠Ｃ、∠Ｄ、∠Ｅ、∠Ｆの大きさがどうなっているか調べてみましょう。
大きさが変わっているかどうかだけなら分度器を使わなくても∠Ｂに合うように紙を折って他の角にあててみればわかります。

円Ｏにおいて、弧ABを除いた円周上に点Ｐをとるとき、
∠APBを弧ABに対する円周角といいます。
また弧ABを円周角∠APBに対する弧といういいかたをします。

どの角もみんな同じ
大きさになるのは
なぜニャン？

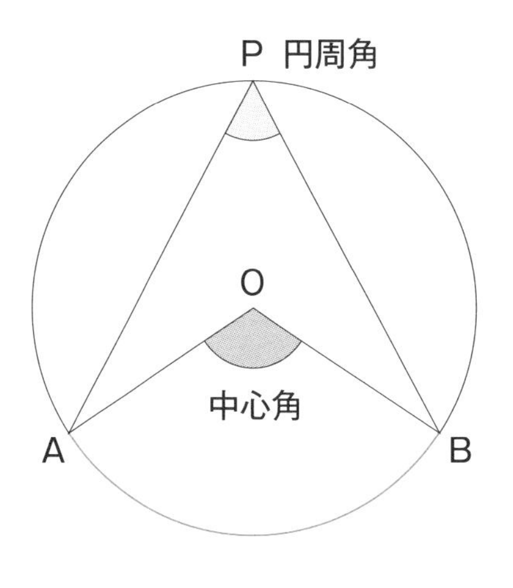

∠AOBは弧ABに対する中心角です。

さて円Oにおいて弧ABに対する中心角は1つに定めることができるのですが、弧ABに対する円周角はいくらでもできます。調べてみると円周角はみな等しいようですが、どうやればそれが証明できるのでしょうか。もし円周角と中心角に一定の関係があれば、同じ弧に対する円周角は等しいことが証明できるはずです。

では次に場合分けをして証明してみましょう。

まず、∠APBの内部に円の中心Oがある場合です。

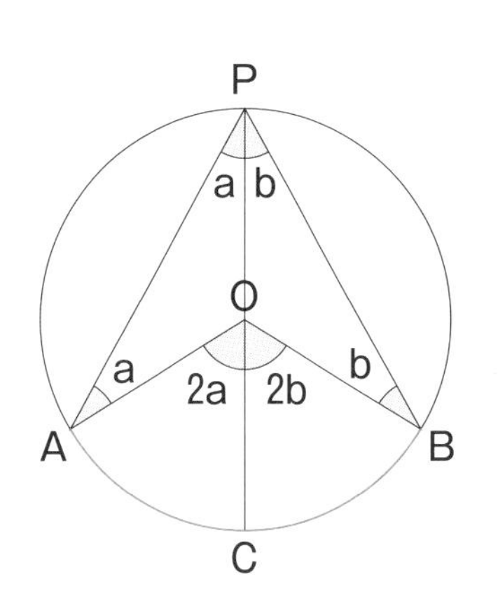

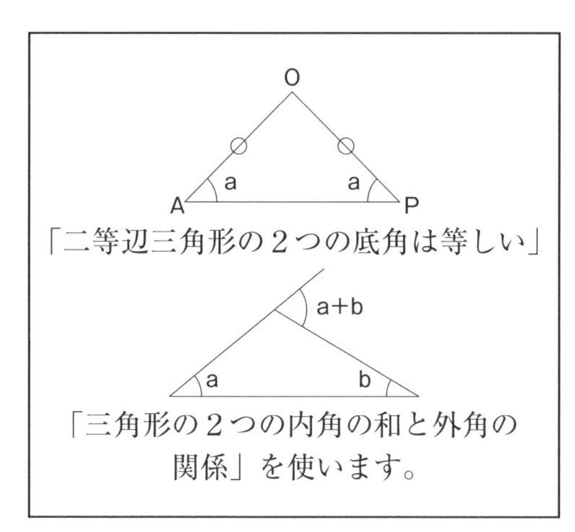

実際に同じ弧に対する円周角と中心角を測ってみると

中心角は円周角の2倍になっているという予想を立てることができます。

そこでこの予想が正しいかどうかを証明してみましょう。

（証明）　直径 PC を引き $\angle APO = \angle a$、$\angle BPO = \angle b$ とします。

$OP = OA$ だから $\angle AOC = \angle a + \angle a = 2\angle a$　…①

同様にして $\angle BOC = 2\angle b$　…②

①、②より $\angle AOB = 2\angle a + 2\angle b = 2(\angle a + \angle b)$

円周角 $\angle APB = \angle a + \angle b$ から

$\angle AOB = 2\angle APB$

したがって $\angle APB = \frac{1}{2}\angle AOB$

では、点 P が右の図のような位置に

あるときも $\angle APB = \frac{1}{2}\angle AOB$ が

成り立つことを証明してみてください。

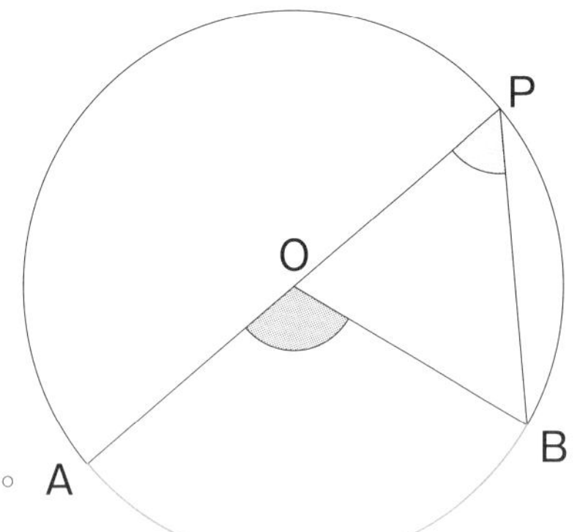

（ヒント）

△ OBP は二等辺三角形ですから

$\angle OPB = \angle OBP$

さらに中心 O が円周角の外部にある

場合も証明することができます。

これは考えてみてください。

円周角はいつも中心角の半分。

つまり一定の角度を持っています。

以上のことから

次の定理が成り立ちます。

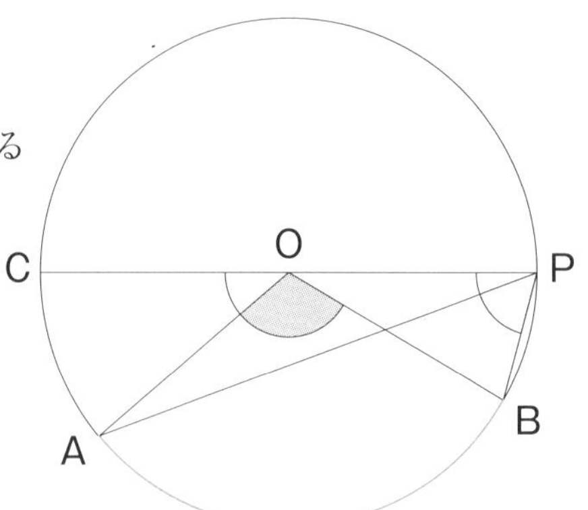

> **円周角の定理**
>
> （1）１つの弧に対する円周角の大きさは、その弧に対する中心角の大きさの半分。
>
> （2）同じ弧に対する円周角の大きさは等しい。

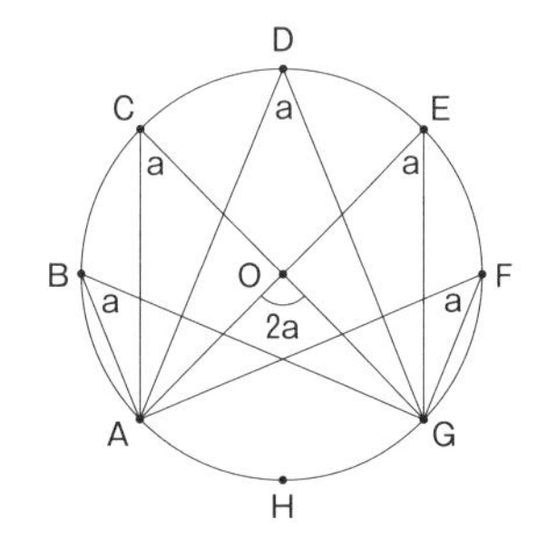

練習問題

（1）次の図において $\angle x$ の大きさを求めてください。

①

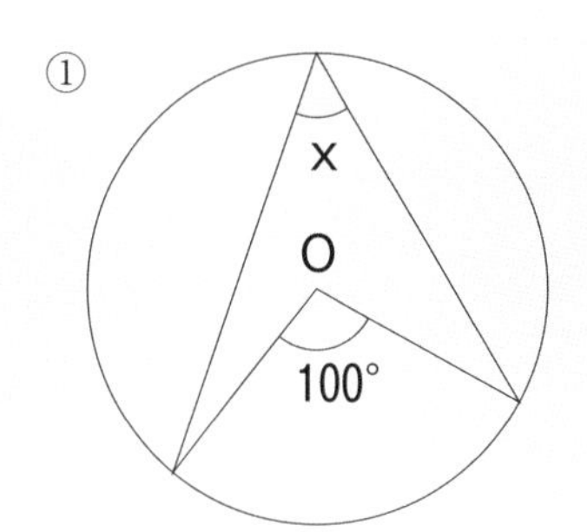

②

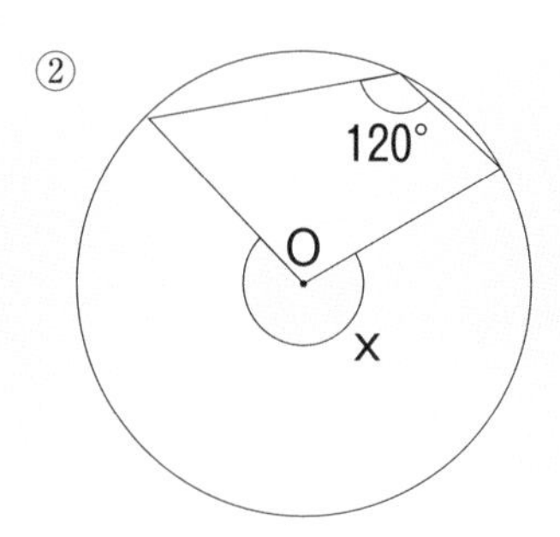

③

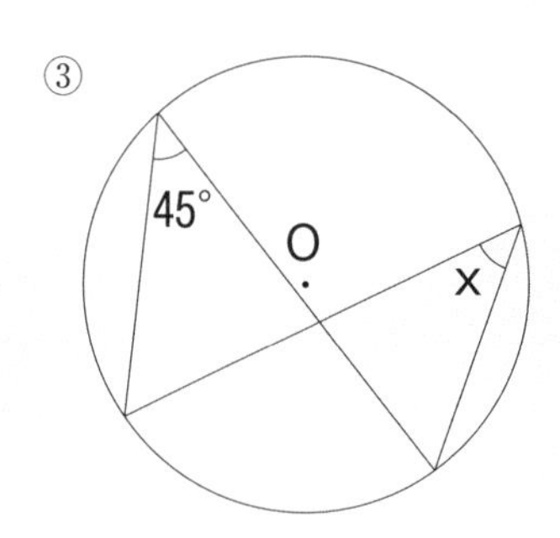

④

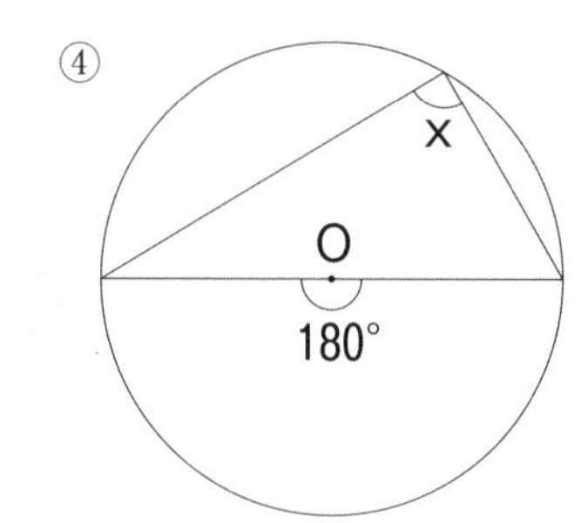

（解答）

①　50°　　②　240°　　③　45°　　④　90°

円周角の定理の特別な場合として次の定理が成り立ちます。

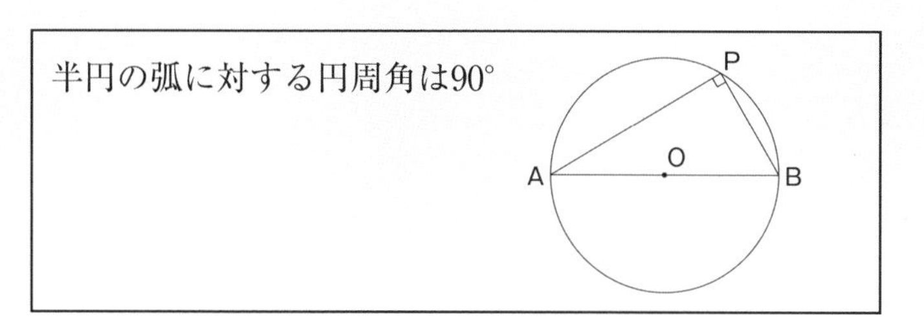

（2）右の図で $\angle x$ を求めてみましょう。

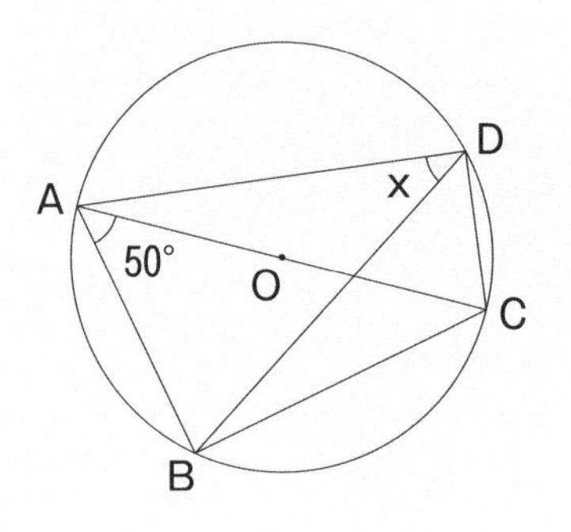

∠ ADC は半円の弧に対する

円周角なので90°

∠BDC ＝ ∠BAC ＝ 50°

（どちらも弧 BC に対する円周角）

したがって $\angle x = 90° - 50° = 40°$

（3）次の図において $\angle x$ を求めてください。

①

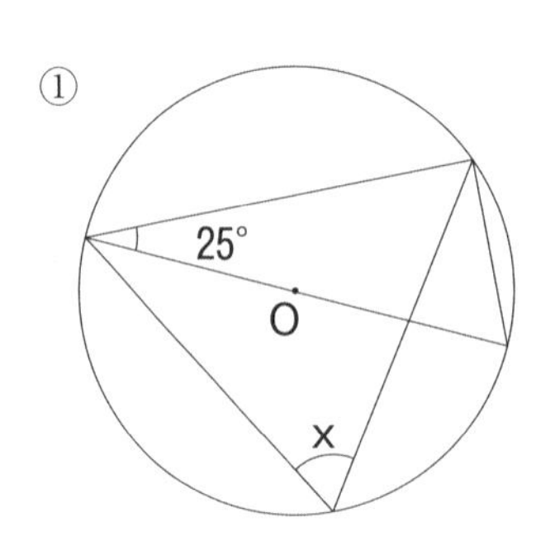

②

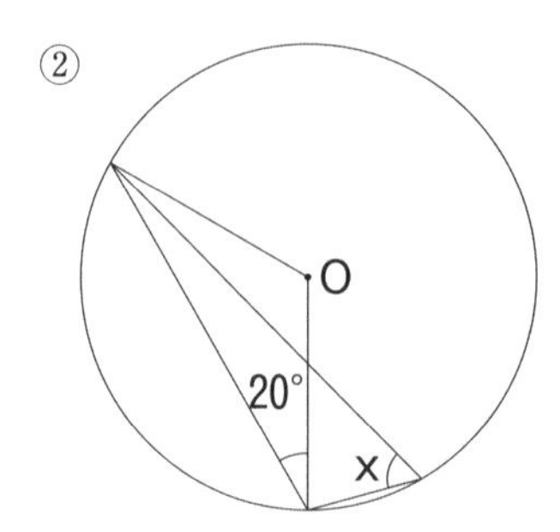

（解答）

①　65°　　②　70°（中心角が140°だから）

➡ 円周角の定理の逆について

「同じ弧に対する円周角の大きさは等しい」というのが円周角の定理でした。

では逆に、次の図のように $\angle P = \angle Q$ である場合、2点P、Qは同じ円周上にあるといえるでしょうか？　考えてみましょう。

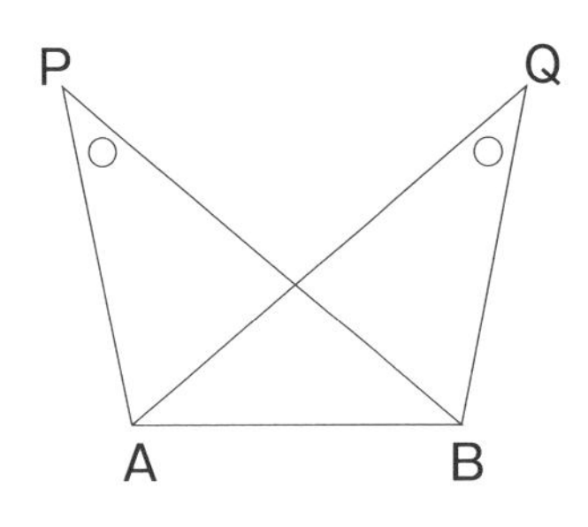

円周の一部を消してみます。
点Qが円周上にある場合は
円周角の定理により
$\angle P = \angle AQB = \angle a$　…①ですね。
次に点Qが円の内部にある場合を
考えましょう。
(円周上にある点をRと置き換えます。
$\angle P = \angle R = \angle a$ です。)
すると例の三角形の内角と外角の関係より
$\angle AQB = \angle a + \angle b$
となるので
$\angle AQB > \angle a$　つまり
$\angle AQB > \angle P$　…②

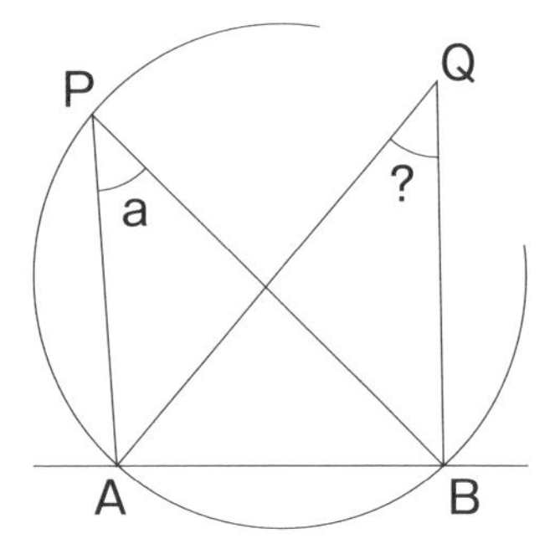

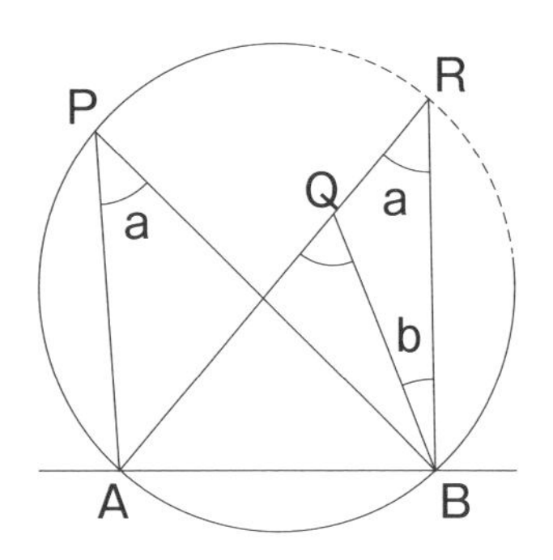

次に点 Q が円の外部にある場合を考えましょう。

$\angle AQB = \angle a - \angle b$

となるので $\angle AQB < \angle a$

つまり $\angle AQB < \angle P$ …③

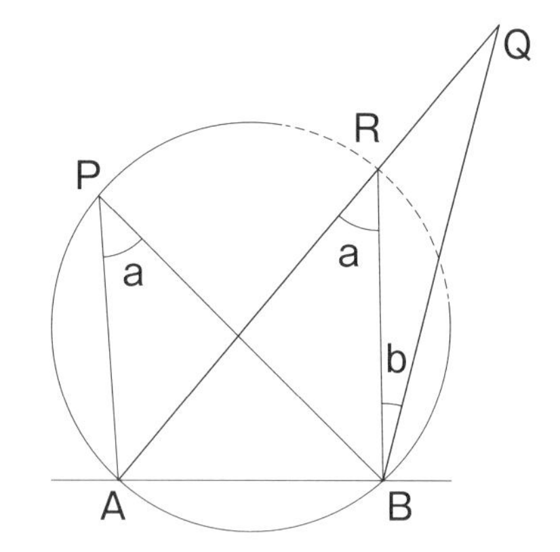

①より点 Q が円周上にある場合

$\angle AQB = \angle a$

②より点 Q が円の内部にある場合

$\angle AQB > \angle a$

③より点 Q が円の外部にある場合

$\angle AQB < \angle a$

したがって $\angle AQB = \angle a$ となるのは、点 Q が円周上にある場合に限られることがわかります。これまで調べたことから、円周角の定理の逆である次の定理が成り立ちます。

円周角の定理の逆

２点 P、Q が直線 AB について同じ側にあるとき

$\angle P = \angle Q$ ならば

４点 A、B、P、Q は１つの円周上にある。

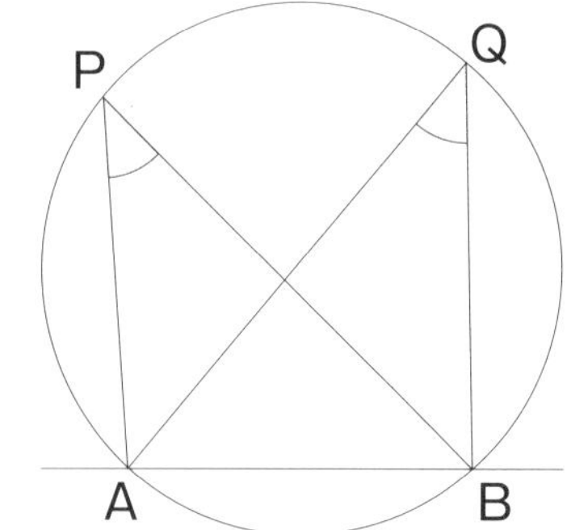

右の図において、$\angle BAC = \angle BDC$ とするとき、他にも等しい角を見つけてみましょう。

点 A と点 D が直線 BC について同じ側にあって

$\angle BAC = \angle BDC$ より

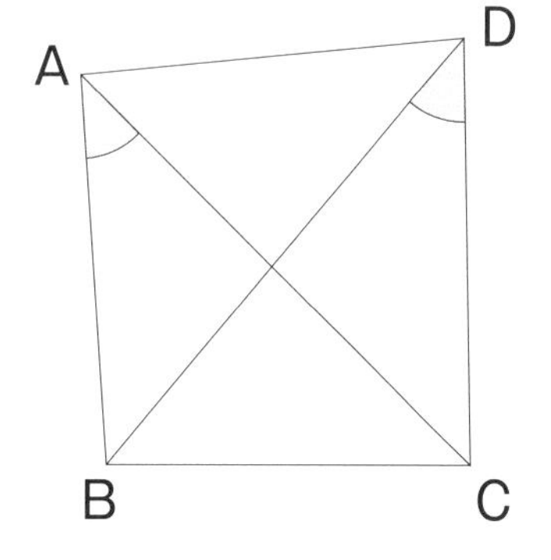

4点 A、B、C、D は同じ円周上にある。したがって

∠CBD = ∠CAD　　∠ADB = ∠ACB　　∠ABD = ∠ACD

次の図において ∠x の値を求めてください。

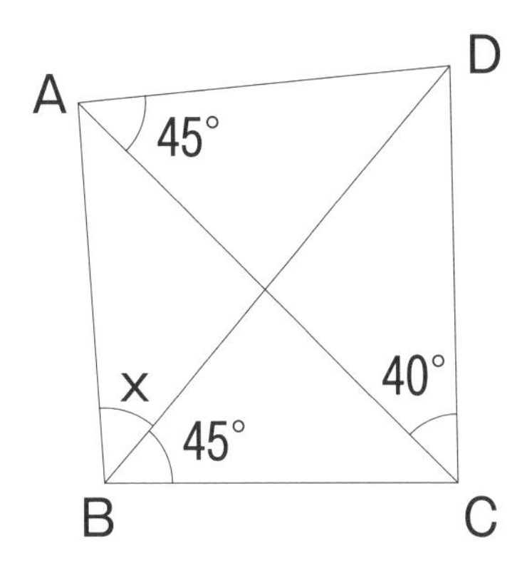

（解答）　40°

➡ 円周角と弧について

右の図で円周角∠ P と∠ Q が等しいとき

∠ P によって切り取られる弧 AB と

∠ Q によって切り取られる弧 CD の

長さは等しくなります。

なぜだかわかりますか。

中心角をかいてみればわかりますよ。

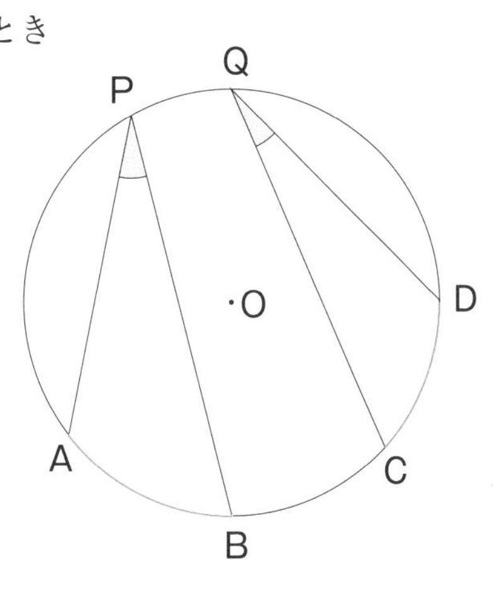

円周角∠Ｐと∠Ｑが等しいとき、
円周角の定理によって中心角
∠AOBと∠CODが等しくなるので、
弧ABと弧CDも等しくなります。
このことは逆も成り立ち、
次の定理がいえます。

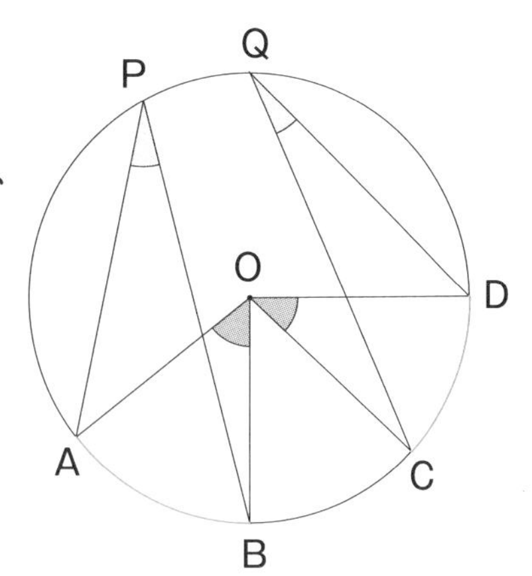

円周角と弧の定理

１つの円において
（１）等しい円周角に対する弧の長さは等しい。
（２）長さの等しい弧に対する円周角は等しい。

生徒たちに等間隔で円周上に並んでもらい
メガホンで周りを見回すと、ほぼ同じ人数を
見ることができます。
これは円周角と弧の定理の授業で
実践していました。
まだ授業に余裕のあった
時代の話ですが。

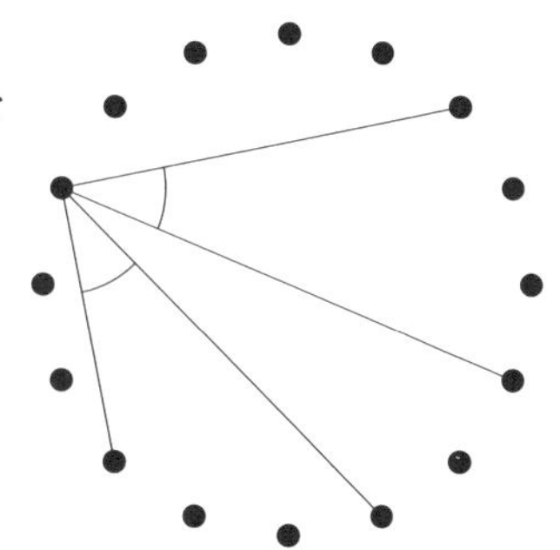

１つの円を２本の平行線で切ると、どのように切っても切り取られる弧AC と弧BD の長さは等しくなります。

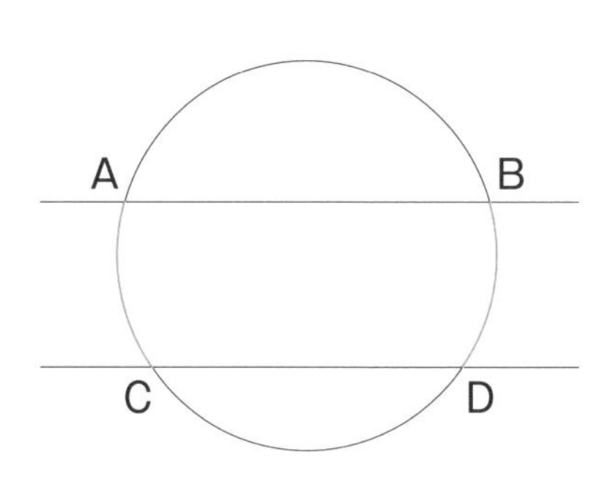

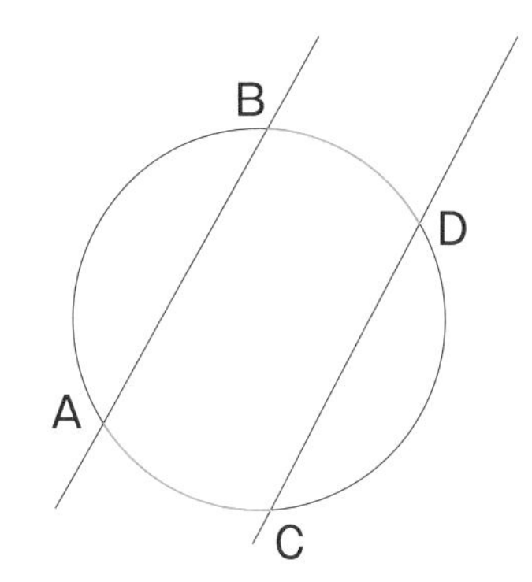

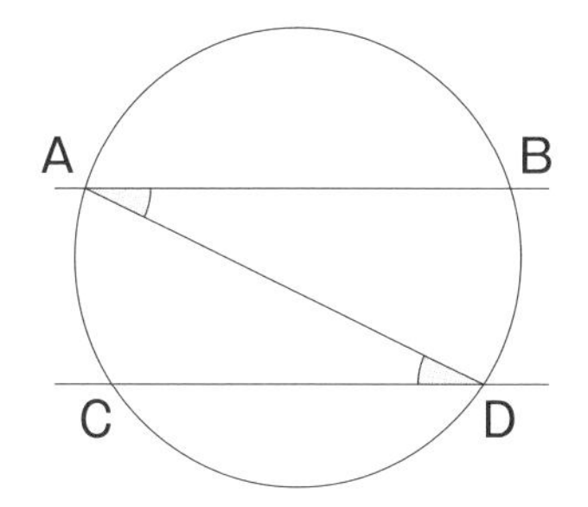

点 A と点 D を結んでみれば平行線の錯角が等しいことから、
弧 AC と弧 BD が等しいことがわかります。

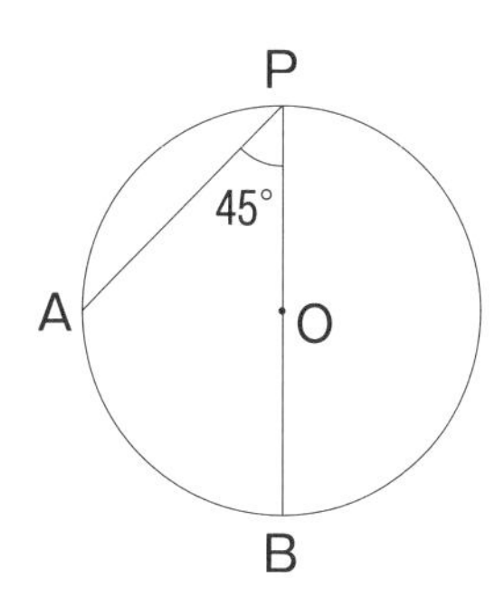

右の図において
$\angle P = 45^\circ$、弧AB = 3π cm のとき
円 O の半径の長さを求めてみましょう。

点 A と点 O を結ぶと円周角と
中心角の関係から $\angle AOB = 90^\circ$
であることがわかります。

したがって弧 AB は $\frac{1}{4}$ 円。

円周は $3\pi \times 4 = 12\pi$ で直径12 cm だから半径は 6 cm です。

➡ 円の接線の長さについて

円の接線は、接点を通る半径に垂直になります。

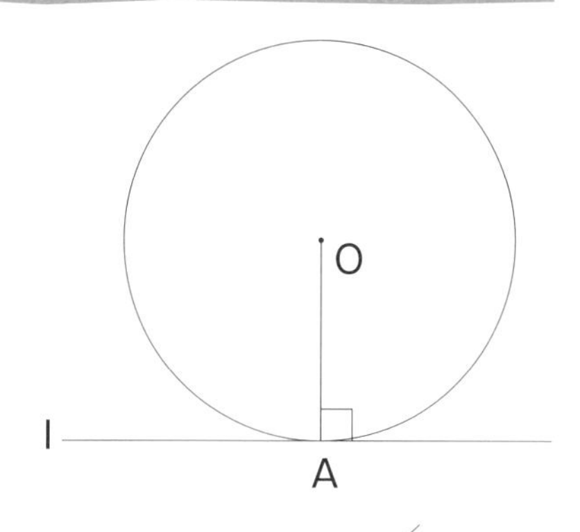

右図のように、円Oの外部の点Pから2つの接線を引くことができます。
その接点をA、Bとするとき、
線分PA、PBの長さを、
点Pから円Oに引いた
接線の長さといいます。

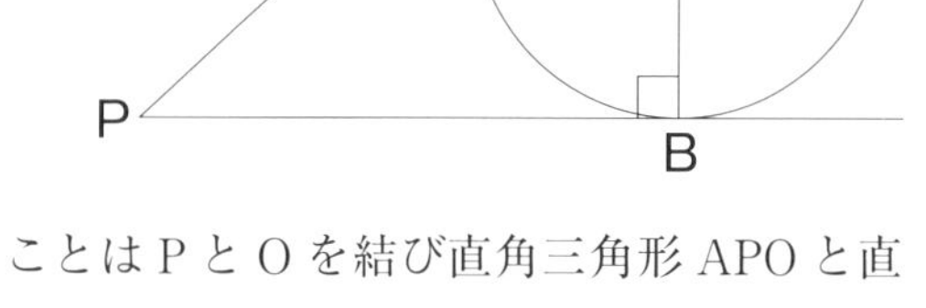

右上の図でPA＝PBであることはPとOを結び直角三角形APOと直角三角形BPOが合同であることを示せばわかります。

斜辺と他の一辺がそれぞれ等しいから
$\triangle APO \equiv \triangle BPO$
したがって合同な三角形の対応する辺の長さは等しいから
PA＝PB
この結果から次のことがいえます。

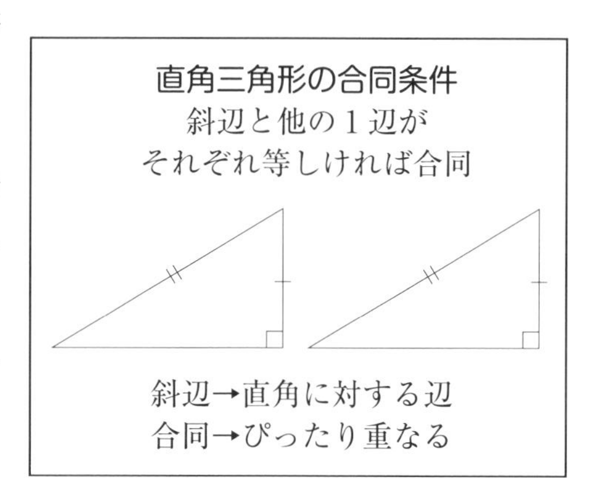
直角三角形の合同条件
斜辺と他の１辺が
それぞれ等しければ合同

斜辺→直角に対する辺
合同→ぴったり重なる

接線の長さの定理
円の外部からその円に引いた
2つの接線の長さは等しい。

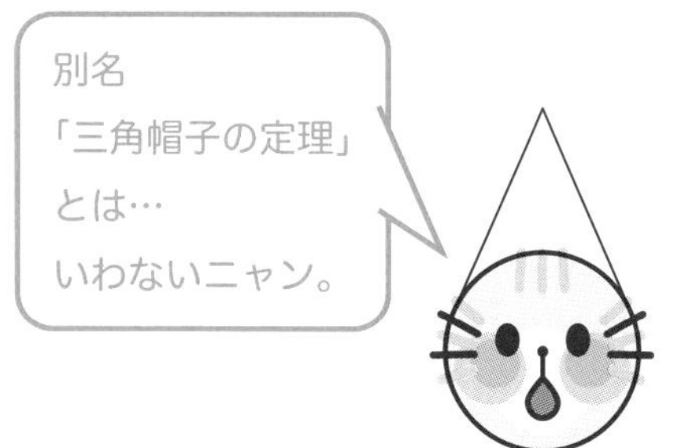

➡ 円に内接する四角形について

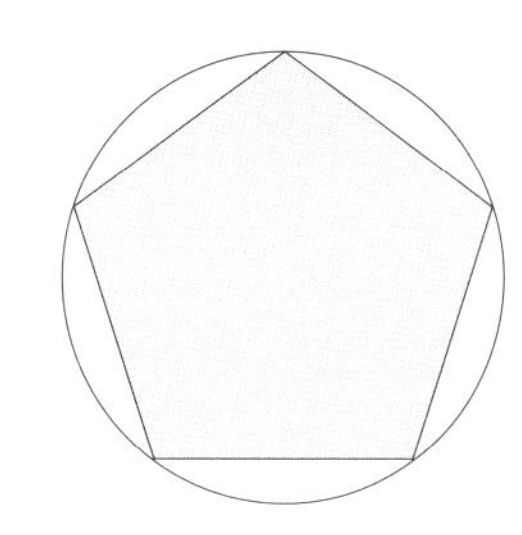

多角形のすべての頂点が1つの円周上にあるとき
その多角形は円に内接するといいます。
またその円を多角形の外接円といいます。
円に内接する四角形において
次の性質があります。

内接四角形の定理
（1）対角の和は180°。
（2）外角はそれととなりあう
　内角の対角に等しい。

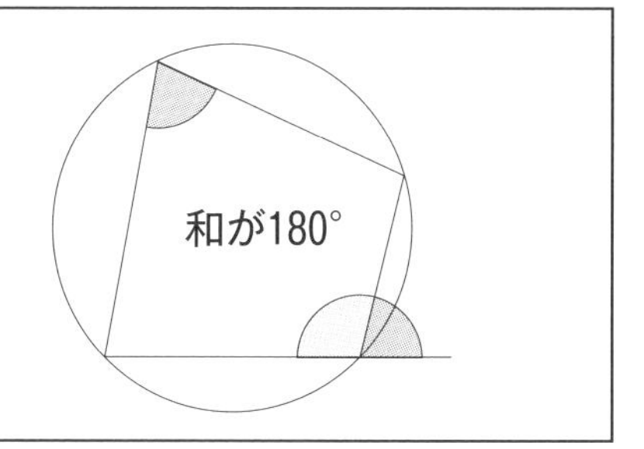

（証明）
右の図において
$\angle A = \angle a \quad \angle BCD = \angle b$
とすると円周角の定理より
$\angle a$ の中心角は $2\angle a$
$\angle b$ の中心角は $2\angle b$

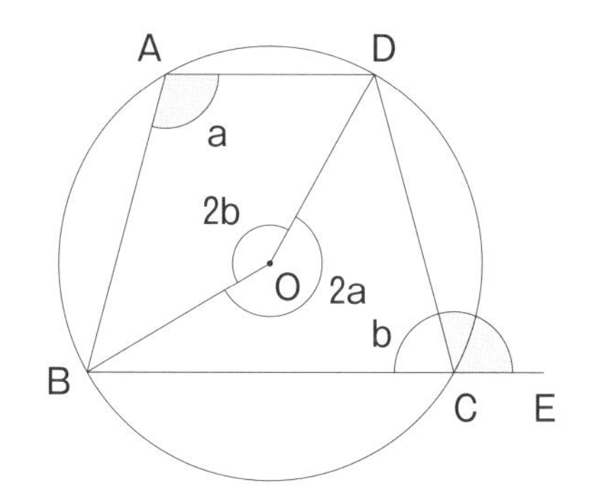

ところが

$2\angle a+2\angle b=360°$

$2(\angle a+\angle b)=360°$ より

$\angle a+\angle b=180°$

これで（1）が証明されました

さらに $\angle \mathrm{DCE}+\angle b=180°$　…①

$\angle a+\angle b=180°$　…②

より $\angle \mathrm{DCE}=\angle a$

これで（2）が証明されました。

補助線を自分で引いて他の証明法を見つけてください

(いくつもあります)。

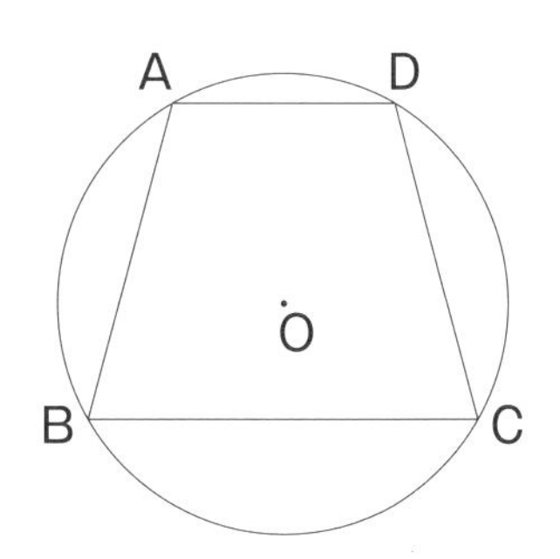

練習問題

次の図で $\angle x$、$\angle y$ の大きさを求めてください。

①

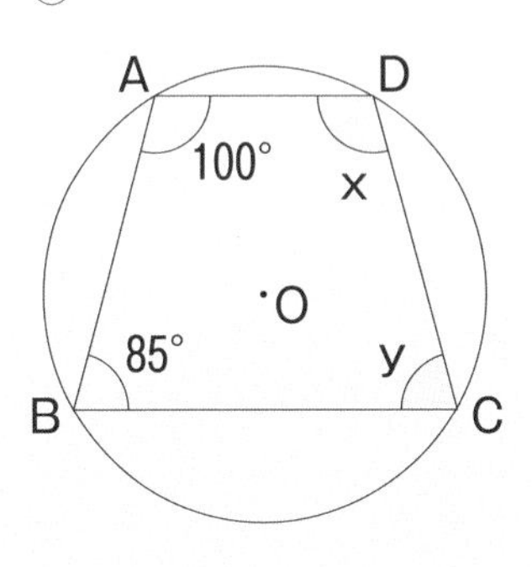

②　CB = CD

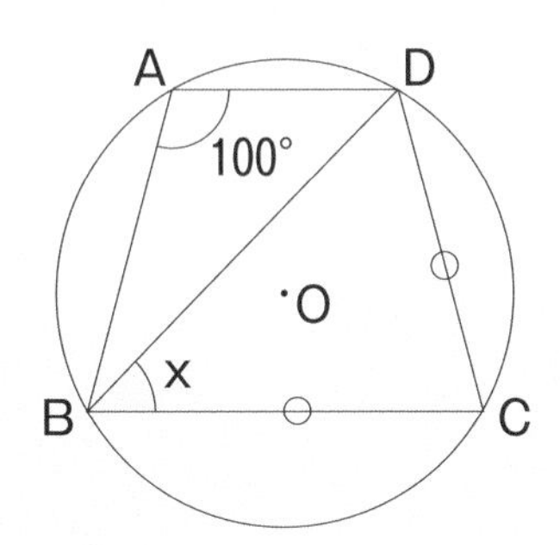

(解答)

① $\angle x=95°$　$\angle y=80°$　　② $\angle x=50°$

➡ 接線と弦のつくる角について

円と接線のつくる角については次の定理が成り立ちます。
接弦定理といわれる定理です。

接弦定理
円の接線とその接点を通る弦のつくる角はその角の内部にある弧に対する円周角に等しい。

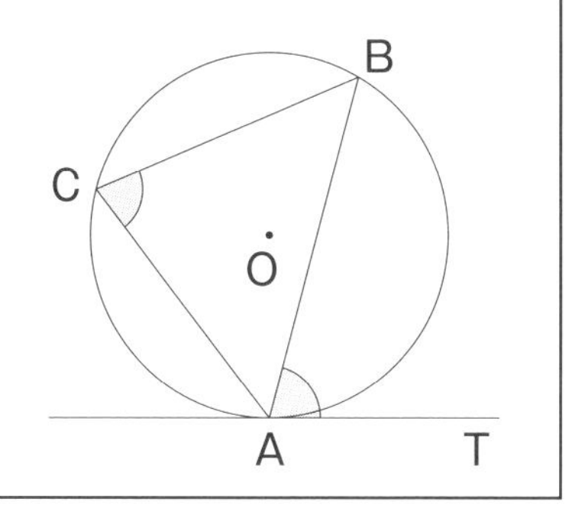

文章でかくとややこしそうですが、図でイメージしてください。
以下のように内接四角形の特殊な場合と考えることができます。

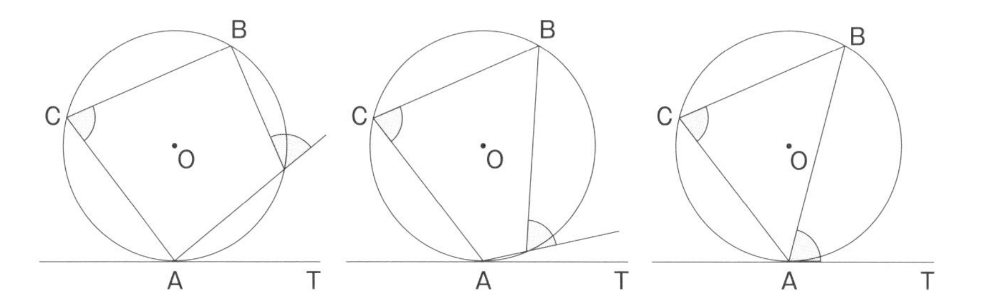

内接四角形の外角が円周に沿って動いていき、最後に ∠BAT になったとき ∠ACB = ∠BAT となります。
だが、なぜ ∠ACB = ∠BAT であることがいえるのか、証明してみましょう。

直径 AD を引くと

∠BAT ＝ 90°－∠BAD　…①

AD は直径だから

∠ACD ＝ 90°

したがって

∠ACB ＝ 90°－∠BCD　…②

ところが

∠BCD ＝ ∠BAD

（弧 BD に対する円周角）　…③

①、②、③より

∠ACB ＝ ∠BAT

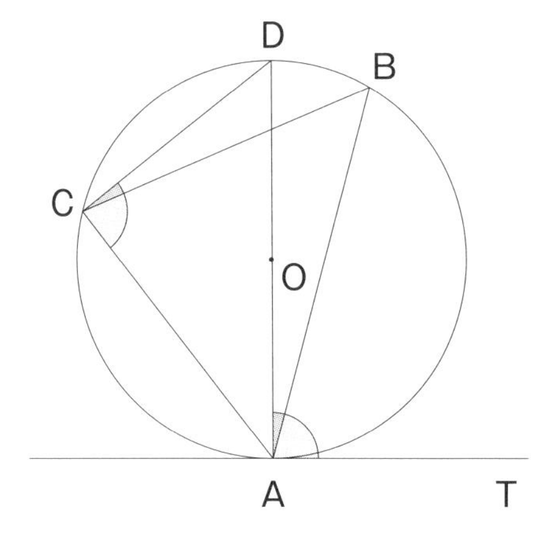

∠BAT ＞ 90° の場合も証明してください。

右図において直線 AT は点 A を接点とする円 O の接線です。

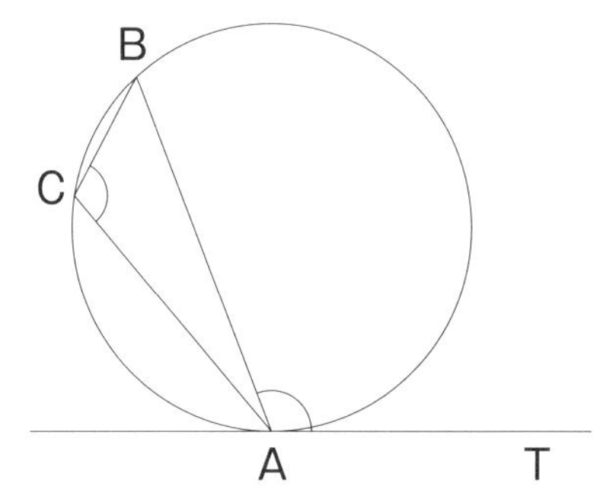

練習問題

（1）$\angle x$ の大きさを求めてください。

①

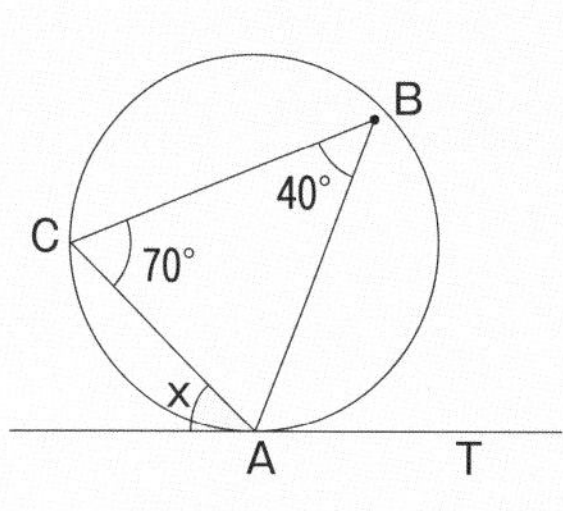

②

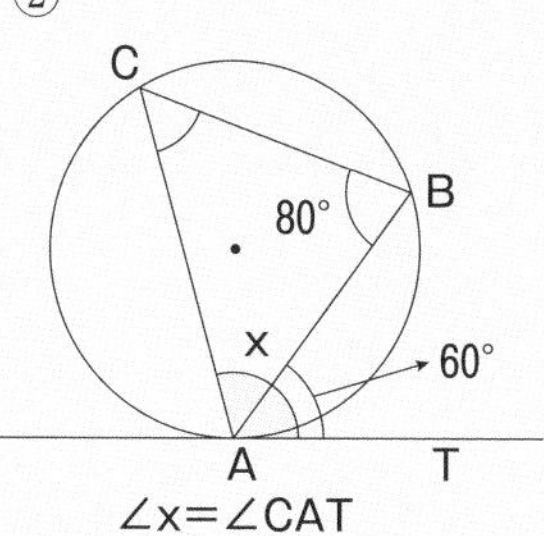

③　線分 BC は円の中心 O を通る。

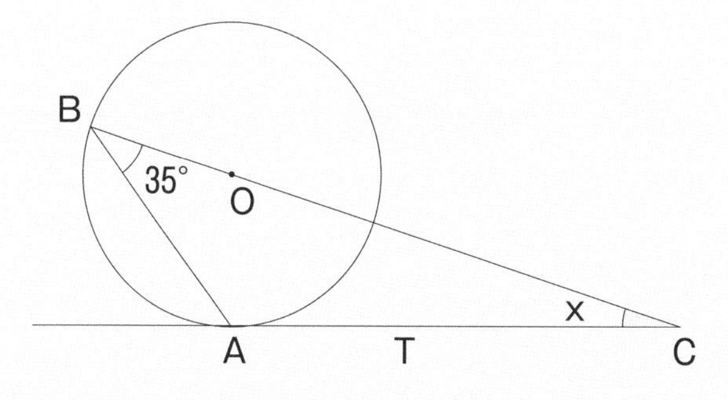

（解答）

①　$\angle x = 40^\circ$　　②　$\angle x = 100^\circ$　　③　$\angle x = 20^\circ$

次のように点 P を円周上に沿って動かしていくと、内接四角形の定理⇒接弦定理⇒円周角の定理とつながっていくことがわかります。

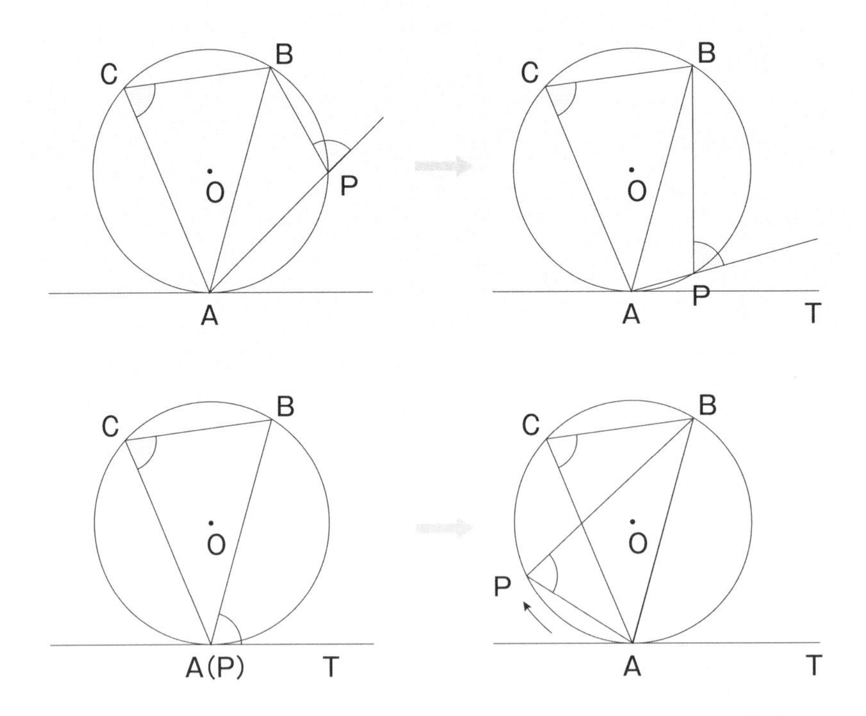

（2）下図で五角形 ABCDE は円 O に内接し、EB は円 O の直径で

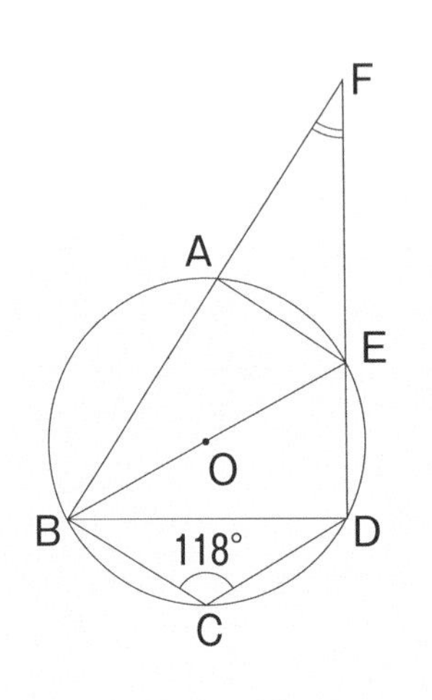

∠ABE ＝ ∠EBD です。

また F は直線 AB と ED の交点です。

∠BCD ＝ 118° のとき ∠AFE の

大きさは何度でしょうか。

（愛知県高校入試問題）

（解答）

四角形 EBCD は円に内接する。$\angle BCD = 118°$ より

$\angle BED = 62°$

△ EBD は直角三角形だから $\angle EBD = 28°$　したがって

$\angle ABD = 28° \times 2 = 56°$

△ FBD も直角三角形だから $\angle AFE = 180° - (90° + 56°) = 34°$

（3）下図において、直線 LM は点 A で円に接していて、弧BC ＝ 弧CD です。

$\angle LAD = 54°$、$\angle MAB = 28°$ のとき $\angle x$ の大きさを求めてください。

（長野県高校入試問題）

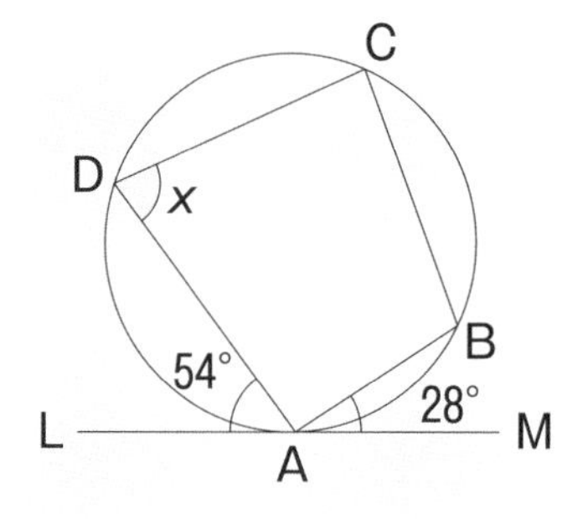

$\overset{\frown}{BC} = \overset{\frown}{CD}$

なら $BC = CD$

（解答）

点 A と点 C を結ぶと接弦定理により

$\angle ACD = 54°$　同様に $\angle ACB = 28°$

したがって $\angle BCD = 54° + 28° = 82°$

点 B と点 D を結ぶと△ CDB は二等辺三角形

だから $\angle CDB = 49°$

また $\angle ADB$ は接弦定理により 28°

したがって $\angle x = 49° + 28° = 77°$

12 時間目

世界を変えたピタゴラスの定理

ピタゴラスの定理とは
様々な証明法を見てみよう
平面図形への利用について
２点間の距離について
空間図形への応用について
円錐・角錐の体積と表面積について

12 時間目

世界を変えたピタゴラスの定理

ピタゴラスの定理とは

ピタゴラス（BC582～BC496）は古代ギリシャの哲学者、幾何学者で、エーゲ海東部に浮かぶギリシャのサモス島で生まれました。

宇宙は数に基づいていると信じる哲学的、宗教的集団ピタゴラス学派を創設しました。

直角三角形の３辺の長さに関する $a^2+b^2=c^2$（c は斜辺）という関係はピタゴラスの定理と呼ばれます。非常に古くから知られていた定理ですが、本当にピタゴラスが発見したかどうか、確証があるわけではありません。

ピタゴラスの定理

直角をはさむ２辺の長さを a,b　斜辺（直角に対する辺）の長さを c とすると

次の等式が成り立つ。

$$a^2+b^2=c^2$$

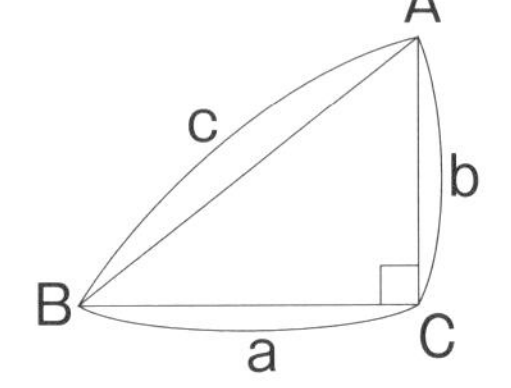

ピタゴラスの定理は紀元前3世紀にユークリッドが『原論』の中で証明していますが、ここではピタゴラスという名前は出てきません。しかし、5世紀にプロクロスの書いた『ユークリッド原論注釈』や紀元前1世紀ローマの建築家ウィトルウィウスの『建築十書』には、この定理の発見者はピタゴラスであるとされています。こうした古代の文献がルネッサンス時代に見つかり、以降、ユークリッド『原論』に、これはピタゴラスが発見したと書かれるようになりました。しかし、現在では、ピタゴラスはこの定理の発見者ではないという見解が有力です。

この定理は中国の数学では鉤股弦（こうこげん）の法と呼ばれ、古代の数学書『周髀算経（しゅうひさんけい）』や『九章算術』で取り上げられています。日本に入ってからも鉤股弦という名称はそのまま使われました。鉤は「かぎの手」で直角をはさむ短辺を、股は「足の分かれめ」で長辺を、弦は「弓のつる」で斜辺を意味しています。古代バビロニア（ピタゴラスよりも1000年前）や古代インドでもこの定理は発見されており、測量や建築、天文観測などで使われる重要な定理でした。三角関数もピタゴラスの定理と密接に関係しています。

直交座標において原点と任意の点を結ぶ線分の長さは、ピタゴラスの定理によって表すことができます。このことは2次元の座標に限らず、3次元の座標についても成り立ちます。

➡ 様々な証明法を見てみよう

1辺の長さが$(a+b)$の正方形を考えます。各辺を$b:a$に分ける点をつなぐと合同な直角三角形が4つでき、内部に正方形ができます。この正方形の1辺の長さをcとします。大きい正方形の1辺の長さは$(a+b)$ですからこの正方形の面積は$(a+b)^2$

青い直角三角形4つ分の面積は

$$\frac{1}{2}ab\times4=2ab$$

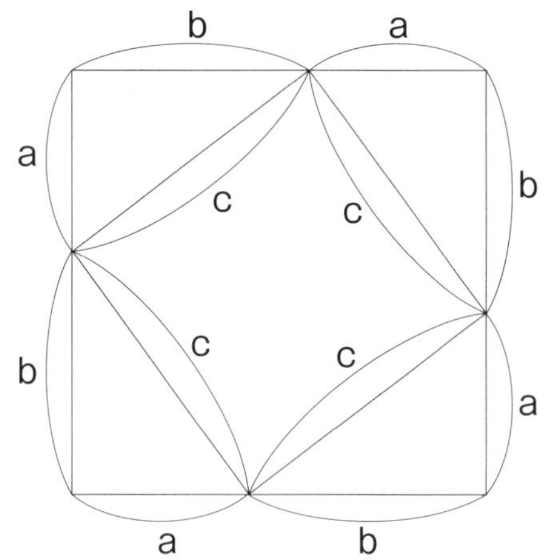

これに c^2 を加えれば

$(a+b)^2$ と等しくなりますから

$(a+b)^2=2ab+c^2$

左辺を展開して両辺から

$2ab$ を引くと

$a^2+b^2=c^2$ になることが

わかります。

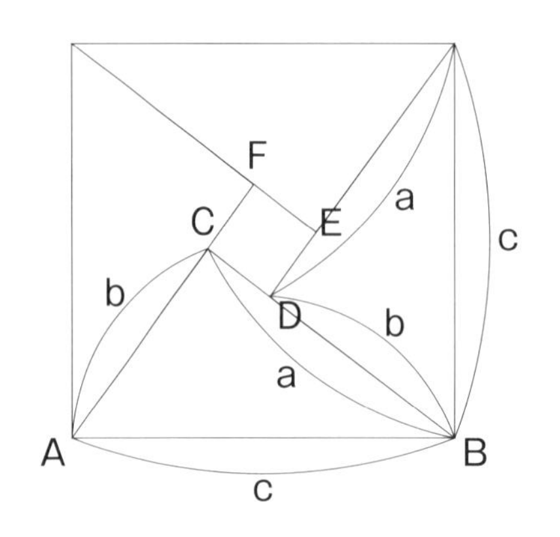

直角三角形 ABC と合同な直角三角形を図のように並べると 1 辺が c の正方形の内側に 1 辺が $(a-b)$ の正方形 CDEF ができます。この図を用いてピタゴラスの定理を証明してみましょう。

内側の正方形 CDEF の 1 辺の長さは

$$(a-b)$$

4 つの直角三角形と正方形 CDEF の面積の和が

1 辺 c の正方形の面積に等しいから

$$4\times\frac{1}{2}ab+(a-b)^2=c^2$$

整理すると

$$a^2+b^2=c^2$$

ピタゴラスの定理の証明方法はギネスブックによると500通り以上あるといわれています。アインシュタインも中学生時代に相似を用いて証明していますし、レオナルド・ダヴィンチも天才らしくユニークな証明法を残しています。
ではピタゴラスの定理を使って下図の直角三角形の斜辺を求めてみましょう。

ピタゴラスの定理より

$8^2+6^2=x^2$

$x^2=100$

$x>0$ だから

$x=10\,(\mathrm{cm})$

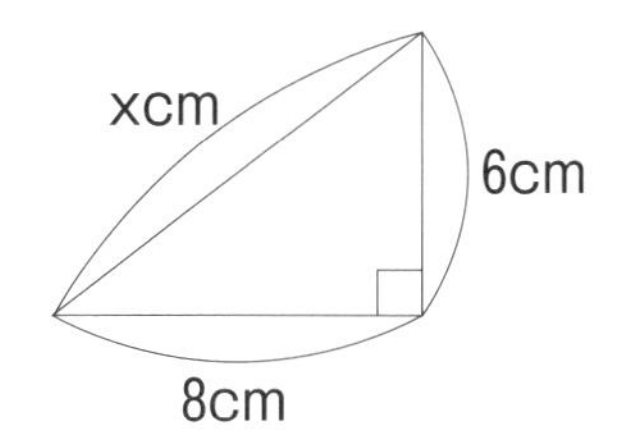

練習問題

下の図において x の値を求めてください。

①

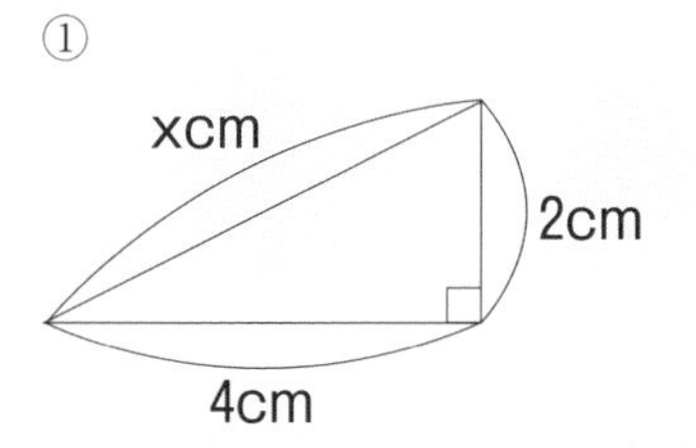

②

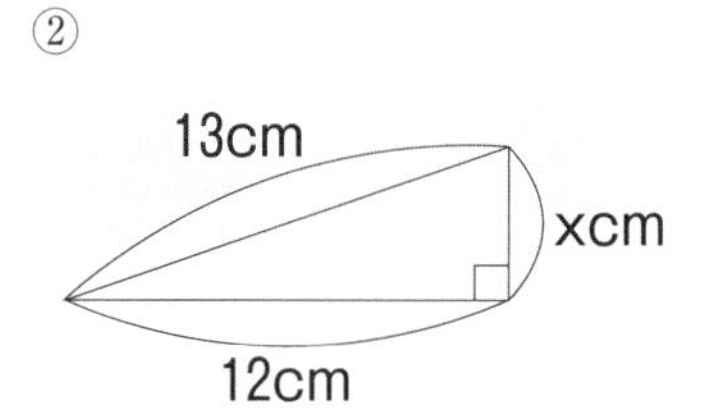

（解答）

① $x=2\sqrt{5}$ cm　② $x=5$ cm

➡ 平面図形への利用について

正方形に対角線を引くと２つの角が45°である直角二等辺三角形が現れます。

正方形の１辺の長さが10 cm であれば対角線の長さはピタゴラスの定理を使って

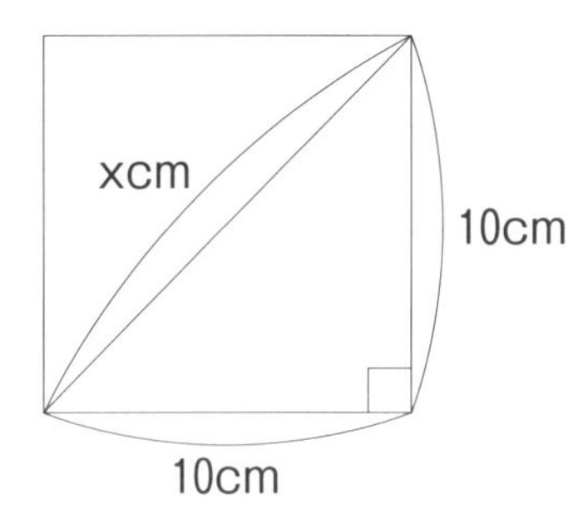

$10^2+10^2 = x^2$ より

$x^2 = 200$

$x > 0$ より

$x = 10\sqrt{2}$ (cm)　…①

ピタゴラスの定理を使って１辺の長さが10 cm の正三角形の高さを求めてみましょう。

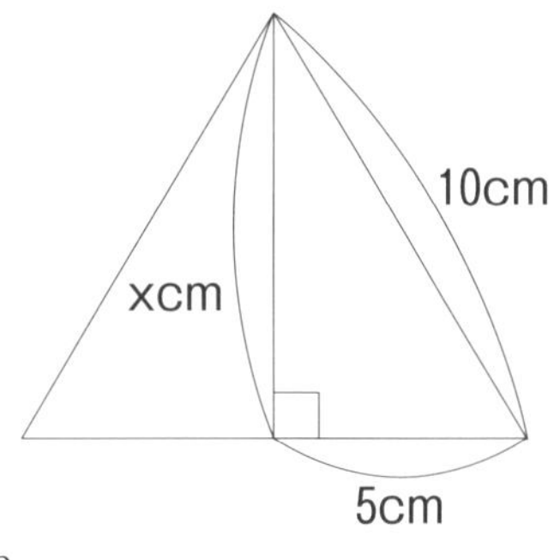

$x^2+5^2 = 10^2$

より

$x^2 = 75$

$x > 0$ より

$x = 5\sqrt{3}$ (cm)　…②

①、②はよく見れば三角定規の三角形ですね。

①の各辺の比率をみると $10 : 10 : 10\sqrt{2} = 1 : 1 : \sqrt{2}$

②の各辺の比率は $5 : 10 : 5\sqrt{3} = 1 : 2 : \sqrt{3}$

となっています。

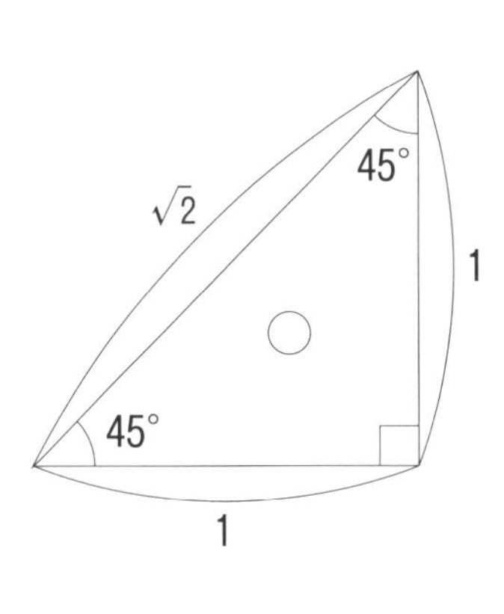

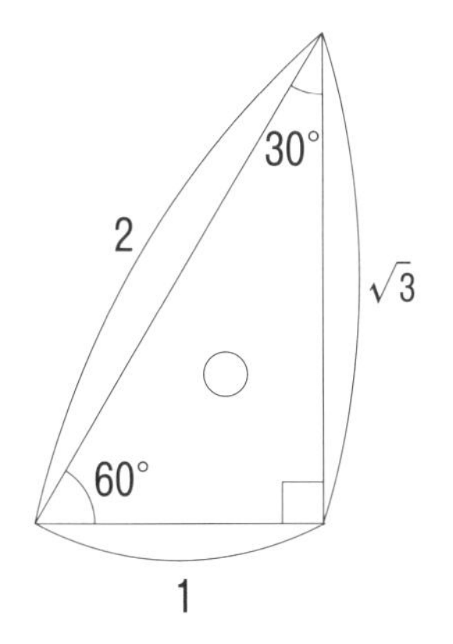

直角二等辺三角形の方は $1:1:\sqrt{2}$
30°と60°の直角三角形の方は $1:2:\sqrt{3}$
という比率を持っています。

練習問題

（1）次の図において x と y の値を求めてください。

①

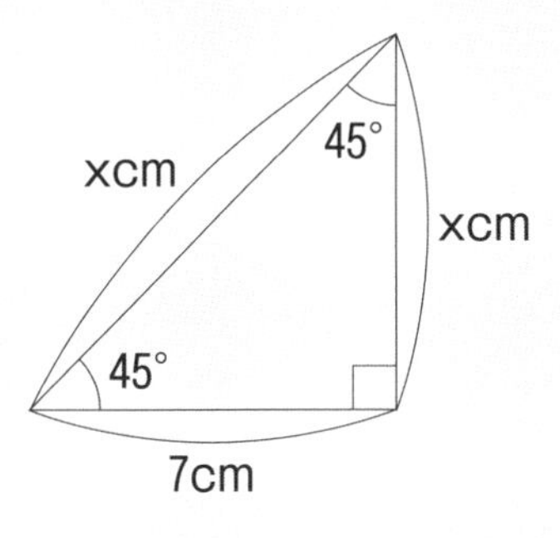

②

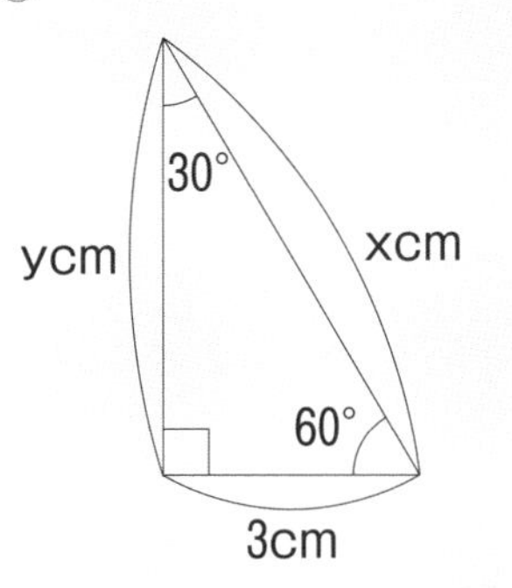

（解答）

① $x=7\,\text{cm}\quad y=7\sqrt{2}\,\text{cm}$　② $x=6\,\text{cm}\quad y=3\sqrt{3}\,\text{cm}$

（2） 1 辺の長さが a である正三角形 ABC の面積 S を a を使って表してみましょう。

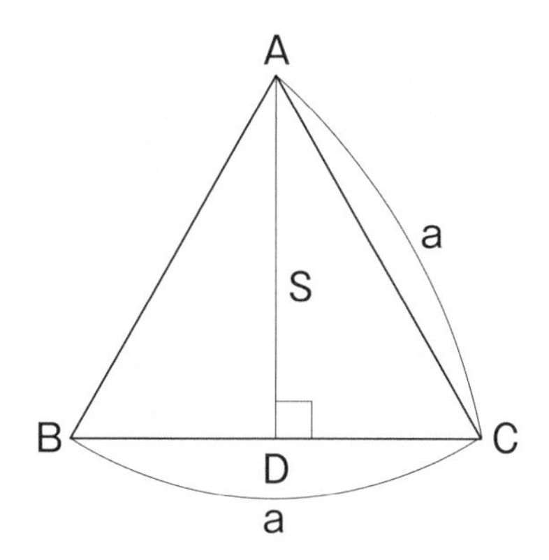

（解答）

辺 BC の中点を D とすると

$\mathrm{BD} = \dfrac{1}{2}a$

$\mathrm{BD} : \mathrm{AD} = 1 : \sqrt{3}$ だから

$\mathrm{AD} = \dfrac{\sqrt{3}}{2}a$

したがって

$S = \dfrac{1}{2} \times a \times \dfrac{\sqrt{3}}{2}a$

$\quad = \dfrac{\sqrt{3}}{4}a^2$

答　$S = \dfrac{\sqrt{3}}{4}a^2$

（3） 1 辺が 6 cm の正三角形に内接する円の半径を求めましょう。

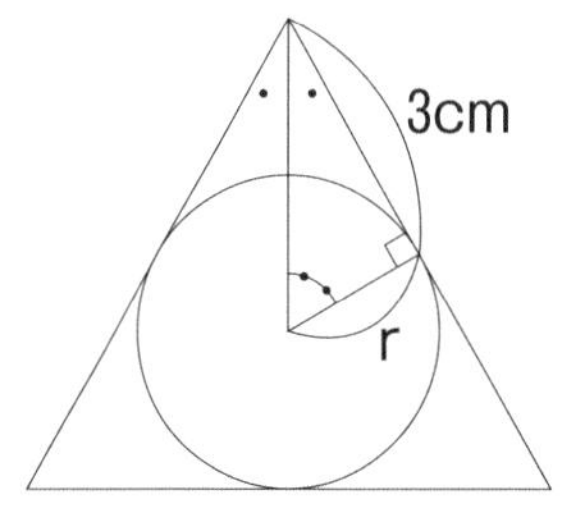

図より $r : 3 = 1 : \sqrt{3}$（外項：r と $\sqrt{3}$、内項：3 と 1）

外項の積＝内項の積

$\sqrt{3} \times r = 3 \times 1$

$\sqrt{3}r = 3$

$r = \sqrt{3}$

答　$\sqrt{3}$cm

➡ ２点間の距離について

これは歴史的に重要なことなのですが、ピタゴラスの定理を使うと２点間の距離を求めることが可能になります。

２点 A（3, 4）、B（−2, −1）間の距離を求めてみましょう。

右図のように、座標軸に平行な直線を引いて

その交点を C とすると△ ABC は ∠C ＝ 90° の直角三角形になります。

$BC = 3-(-2) = 5$

$AC = 4-(-1) = 5$

したがってピタゴラスの定理より

$AB^2 = 5^2+5^2 = 50$

$AB > 0$ だから

$AB = 5\sqrt{2}$

２点間の距離はこうして

求めることができます。

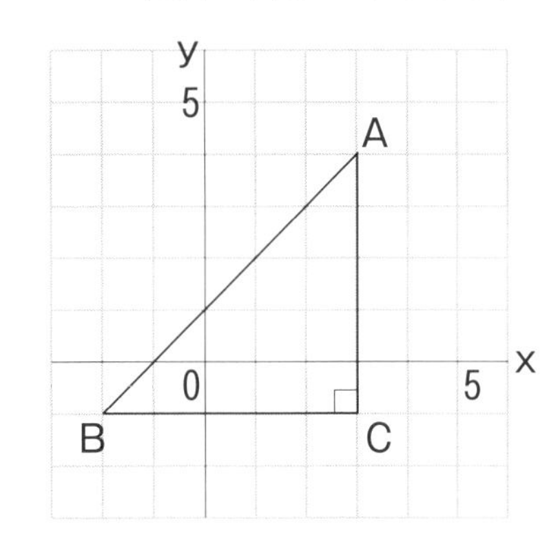

２点間の距離は $\sqrt{(x座標の差)^2+(y座標の差)^2}$ で表されます。

では、２点 A（2, 3)、B（−1, −2）間の距離を求めてみましょう。

$\sqrt{\{2-(-1)\}^2+\{3-(-2)\}^2} = \sqrt{34}$

➡ 空間図形への応用について

ピタゴラスの定理をさらに発展させるとしたら…平面の次は空間が思い浮かびます。

図のような直方体で線分 AG を直方体の対角線といいます。

江戸時代の大工さんは直方体の石の対角線の長さを棒と糸を使って求めたという話を聞いたことがあります。

石の中はつまっているのにどうやって測ったと思いますか？

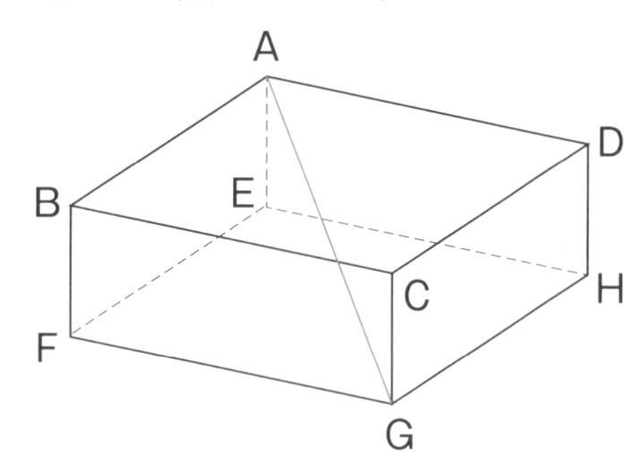

下の図のように点 A から平面 ABCD に垂直に棒を立て直方体の高さと同じ長さ AI をとって I と C を結べば上図の AG と同じ長さが得られます。

ではこれを計算で求めてみましょう。

AB ＝ a、$BC = b$、$BF = c$

とすると

△ ABC は直角三角形だから

$AC^2 = a^2 + b^2$

$IC^2 = AC^2 + IA^2 = a^2 + b^2 + c^2$

IC ＞ 0 だから

$IC = \sqrt{a^2 + b^2 + c^2}$

IC は AG と等しいから

$AG = \sqrt{a^2 + b^2 + c^2}$

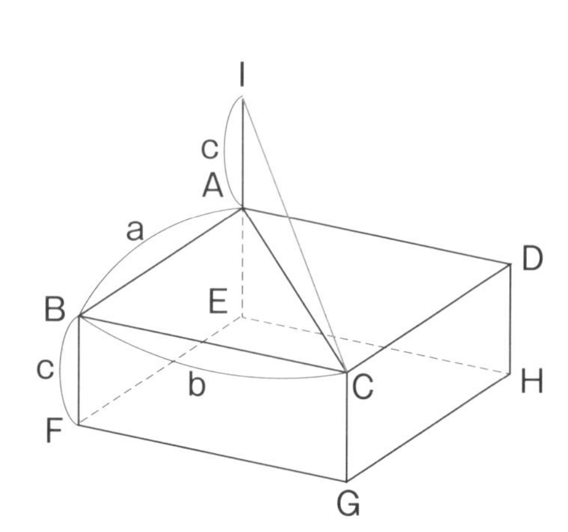

つまり縦 a、横 b、高さ c の直方体の対角線の長さは $\sqrt{a^2 + b^2 + c^2}$ と求めることができます。

では、縦が3 cm、横が5 cm、高さが4 cmである直方体の対角線の長さを求めてみましょう。

$$\sqrt{3^2+5^2+4^2} = \sqrt{50} = \sqrt{5^2 \times 2} = 5\sqrt{2}\,\mathrm{cm}$$

➡ 円錐・角錐の体積と表面積について

底面の半径5 cm、高さが12 cmである円錐の体積と表面積を求めてみましょう。

まず体積です。底面積×高さに$\frac{1}{3}$をかければOKです。

$$V = \frac{1}{3} \times \pi \times 5^2 \times 12 = 100\pi\,(\mathrm{cm}^3)$$

次に表面積を求めてみましょう。

母線の長さをlとするとピタゴラスの定理を使って求めることができます。

$$l^2 = 5^2 + 12^2 = 169$$

$l > 0$より　$l = 13\,(\mathrm{cm})$

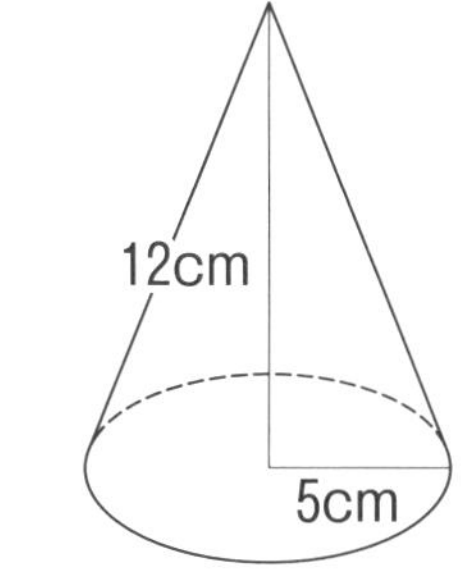

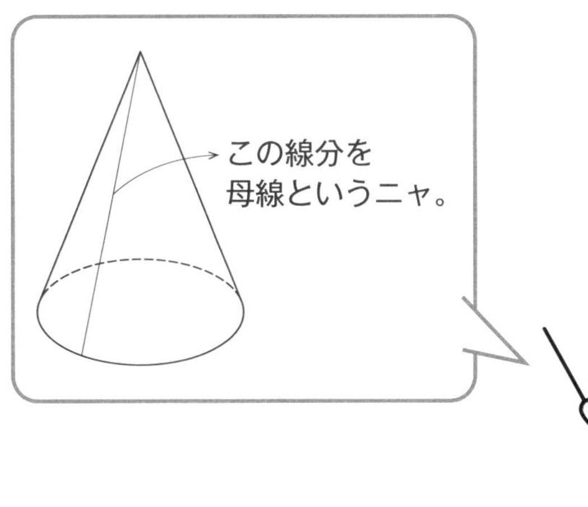

ここで展開図をかいてみると
半径13 cm が作る大きな円の円周は
26π cm
底面の小さな円の円周が弧 AB
の長さになるから 10π cm
したがっておうぎ形 OAB の面積は

$$\pi\times13^2\times\frac{10\pi}{26\pi}=65\pi\,(\mathrm{cm}^2)$$

したがって側面積は $65\pi\,(\mathrm{cm}^2)$
底面積は $\pi\times5^2=25\pi\,(\mathrm{cm}^2)$
これらを足して
$65\pi+25\pi=90\pi\,(\mathrm{cm}^2)$

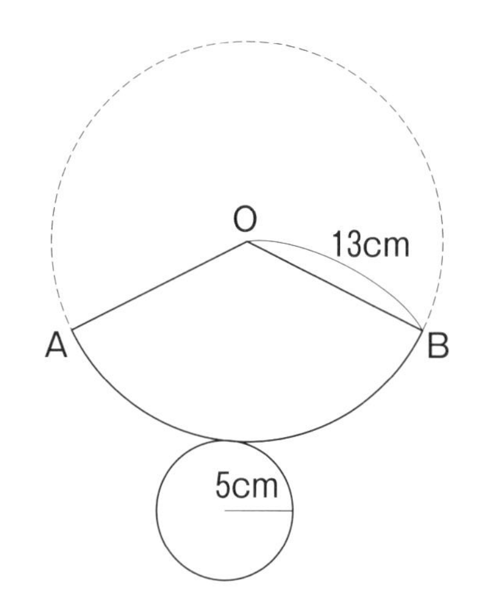

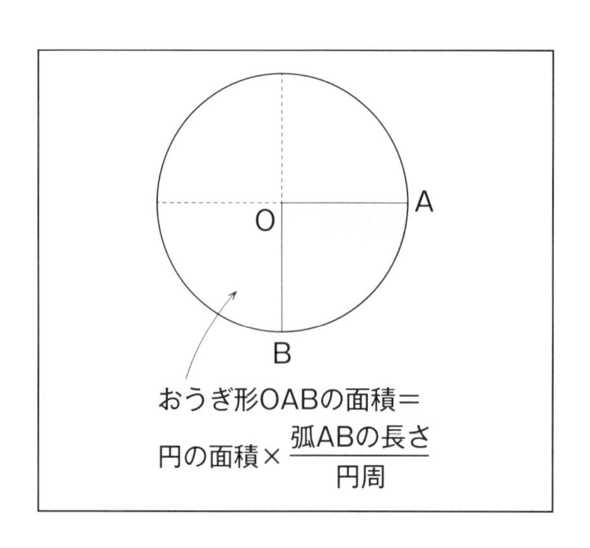

練習問題

底面が1辺6cmの正方形ABCDで他の辺も6cmである正四角錐OABCがあります。この正四角錐の体積と表面積を求めてください。

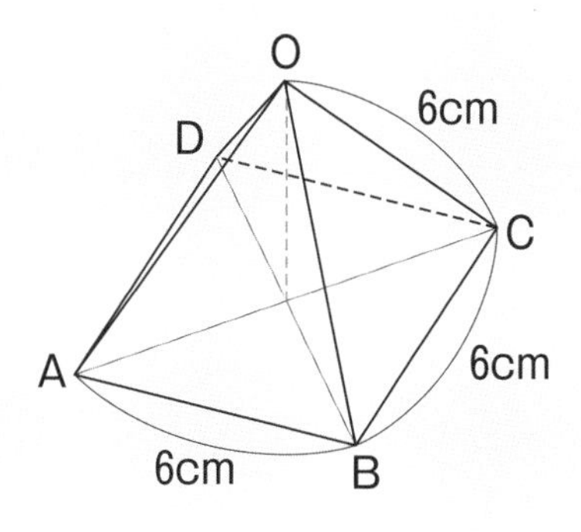

（解答）

図より $3^2+h^2=(3\sqrt{3})^2$

$h>0$ より

$h=3\sqrt{2}\text{cm}$

したがって体積は

$V=\dfrac{1}{3}\times 6^2\times 3\sqrt{2}=\underline{36\sqrt{2}\ \text{cm}^3}$

表面積は底面の正方形と

正三角形4枚分の面積の和だから

$S=6^2+\dfrac{1}{2}\times 6\times 3\sqrt{3}\times 4=\underline{(36+36\sqrt{3})\ \text{cm}^2}$

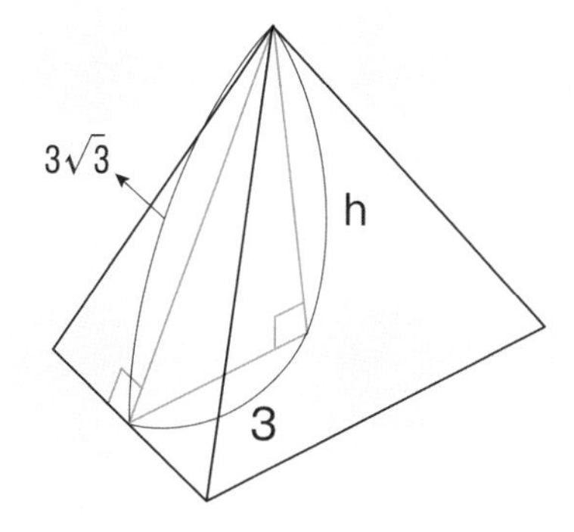

12時間目

世界を変えたピタゴラスの定理

問題に挑戦

（1）兵庫県相生市「八幡宮神社」の問題

図のように大小２つの円が直線上に接しています。大円の半径が９cm 小円の半径が４cm のとき CD の長さを求めてください。

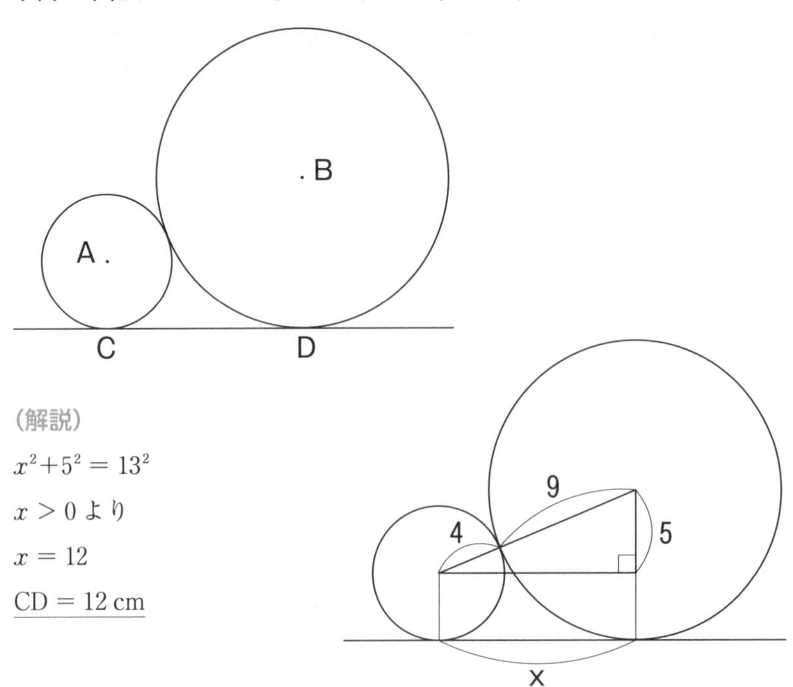

（解説）

$x^2+5^2=13^2$

$x>0$ より

$x=12$

CD ＝ 12 cm

（2） 岡山県瀬戸内市「片山日子神社」の問題

底辺 BC ＝ 12 cm

辺 AB、AC がともに10 cm の

内接円の半径を

求めてみましょう。

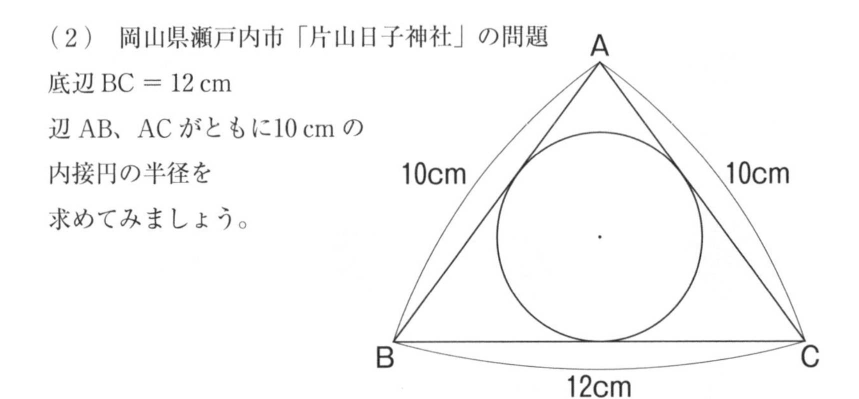

（解説）

三角形の高さを h、内接円の半径を r とすると

図より三角形の相似を使って

$$\frac{h-r}{r}=\frac{10}{6}$$

$$r=\frac{3}{8}h$$

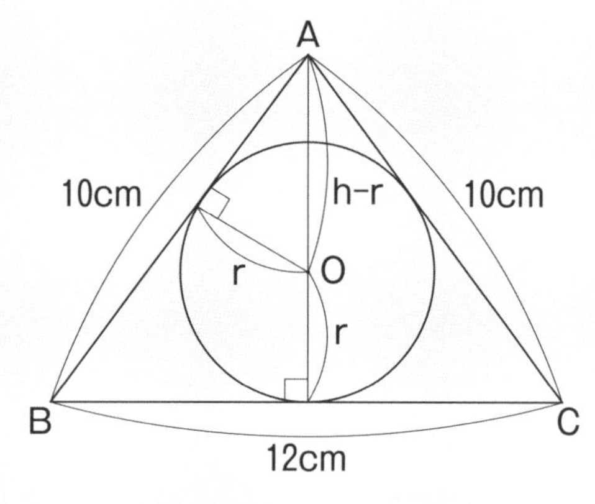

ピタゴラスの定理を使って

$$6^2+h^2=10^2$$

$$h>0$$

$$h=8$$

したがって $r=\frac{3}{8}\times 8$

$$r=3$$

内接円の半径は 3 cm

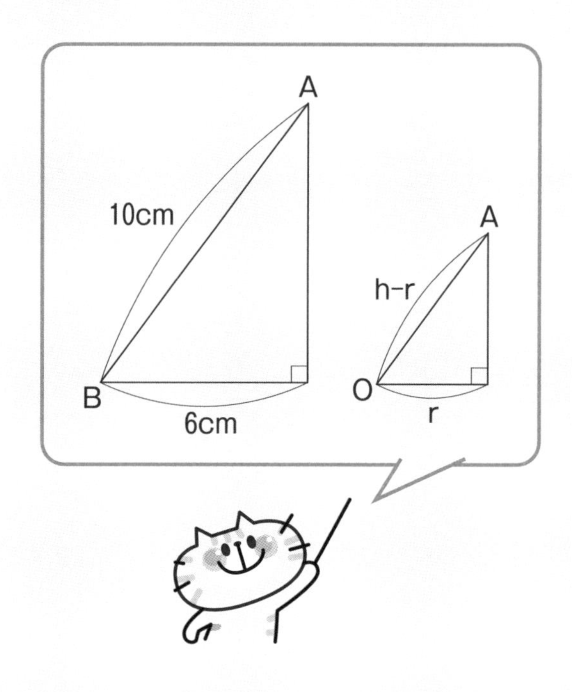

（3） 岡山県瀬戸内市「片山日子神社」の問題

半径が5 cmである2つの円が互いに外接し1つの直線に接しています。下図のように円と直線に正方形が内接しているとき正方形の1辺を求めてみましょう。

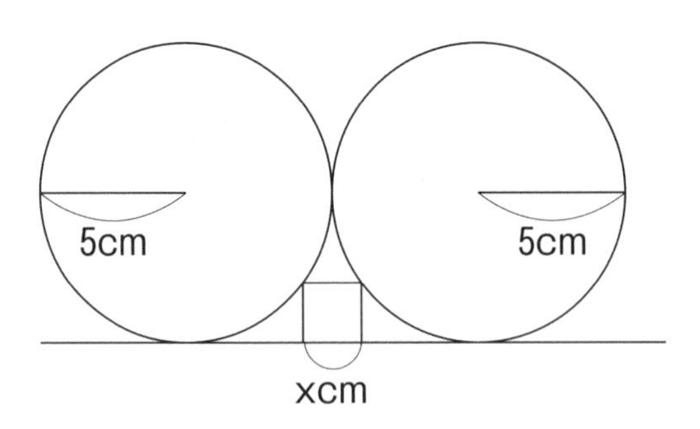

（解説）

正方形の1辺を x cmとすると

$\left(5-\frac{1}{2}x\right)^2+(5-x)^2=5^2$

整理すると

$x^2-12x+20=0$

因数分解して

$(x-10)(x-2)=0$

$0<x<5$

だから $x=2$

<u>正方形の1辺の長さは2 cm</u>

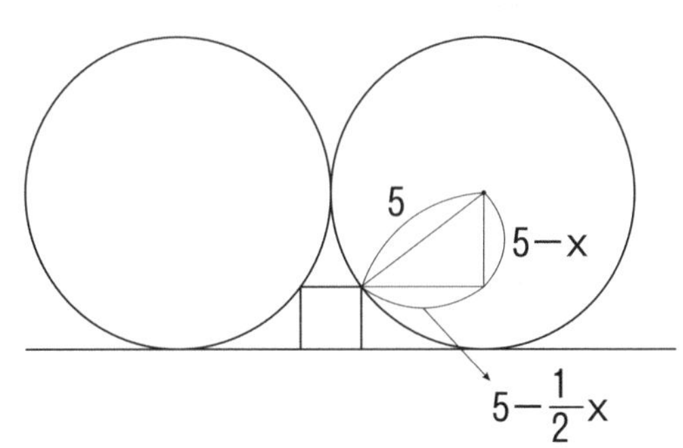

（4）古代ギリシャの問題

有名な「ヒポクラテスの月」の問題です。下の図のような半径が10 cmの4分の1円があります。さらに、図のように弦ACを直径とする半円をかきます。4分の1円の外側にある青色部分の月型の面積を求めてください（$\angle B = 90°$）。

（解説）

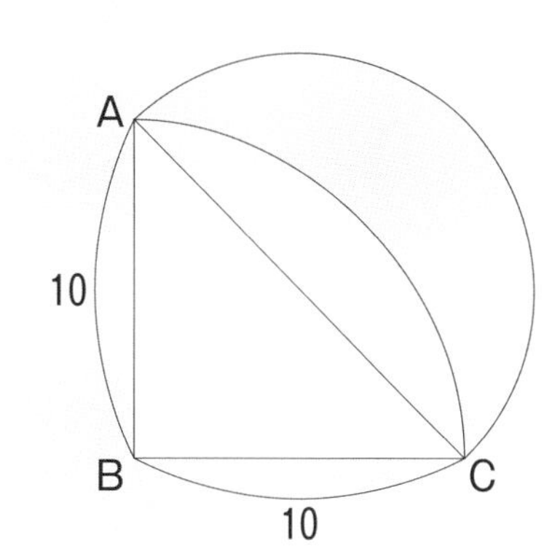

$\triangle ABC = S_1$

直径をACとする半円の面積 $= S_2$

半径10のおうぎ形BAC $= S_3$

とおくと

青い月形の面積 $= S_2-(S_3-S_1)$

$$S_2 = \frac{1}{2}\times\pi\times(5\sqrt{2})^2 = 25\pi$$

$$S_3 = \frac{1}{4}\times\pi\times10^2 = 25\pi$$

$$S_1 = \frac{1}{2}\times10^2 = 50$$

したがって 月形の面積 $= S_2-S_3+S_1 = 25\pi-25\pi+50 = 50$

月形の面積 $= 50\ \mathrm{cm}^2$

半径がどんな値でも $S_2 = S_3$ となり、月形の面積は直角三角形の面積と等しくなります。曲線だけで囲まれた図形（月形）が直線だけで囲まれた図形（直角三角形）と同じであることが証明された最初の事例となった問題です。

（5）私の作った問題

正月に散歩をしていると変なカメに出会いました。

カメは「私の甲羅の模様を見てごらん。１つの円に外接する正六角形と内接する正六角形があるでしょう。小さい方の六角形の面積と大きい方の六角形の面積の割合を求めてみて。正解すると今年はきっといいことがあるよ」と言いました。
挑戦してみませんか？

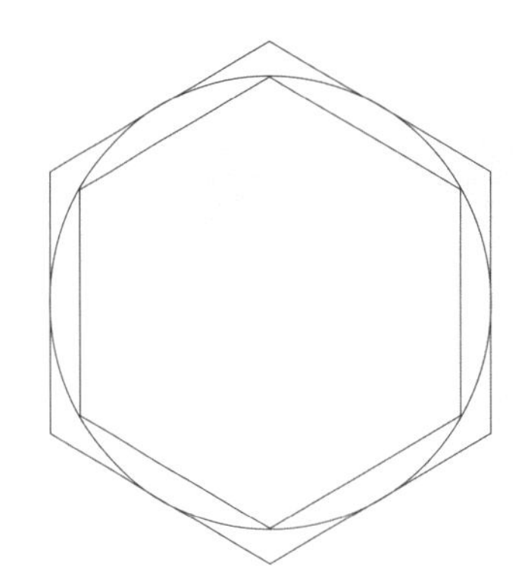

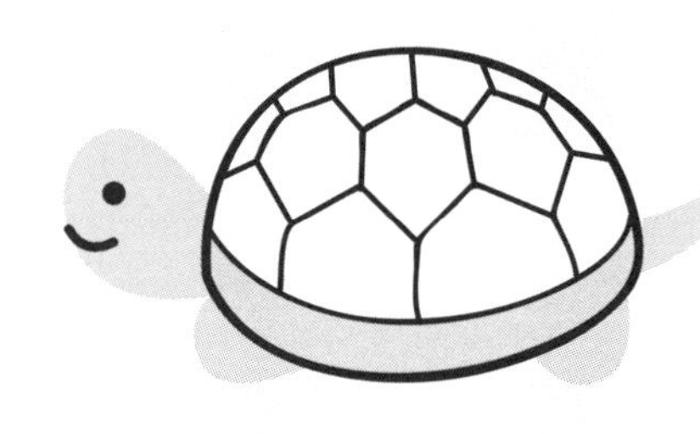

（解説）

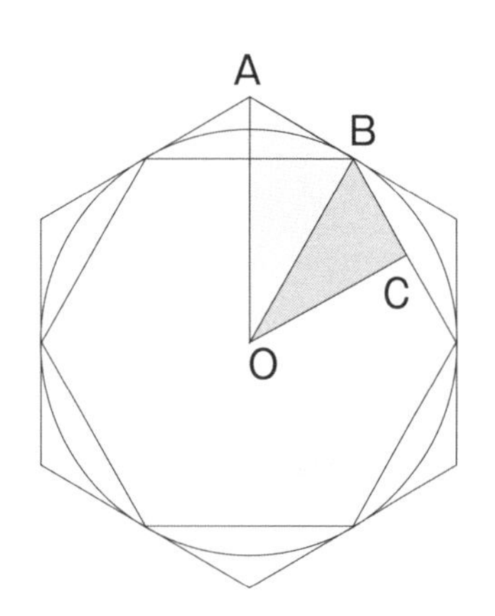

内側の正六角形の頂点を円周上でぐるっと30°回し、その各頂点が外側の正六角形の各辺の中点にくるようにすれば
△ BOC と△ AOB が相似形になるので
対応する辺の比が $\sqrt{3}$：2 となり、
面積の比はそれぞれ２乗して
3：4 となります。

相似な図形の対応する辺の比が
m：n ならば面積の比は m^2：n^2

（6）最後をかざるのは東京大学の問題

直径 a の円周を6等分する点のそれぞれを中心として、
半径 a の円をかくとき、これらの6個の円が覆う範囲（図の塗った部分）の面積を求めてください。

（1962年東京大入試文系第3問）

（解説）

この問題はカルチャーセンターで扱ったのですが、これも様々なやり方で解かれました。そのうち面白いなと思った解き方を1つ紹介します。

この月形が6個あるのでこの面積を求めます。

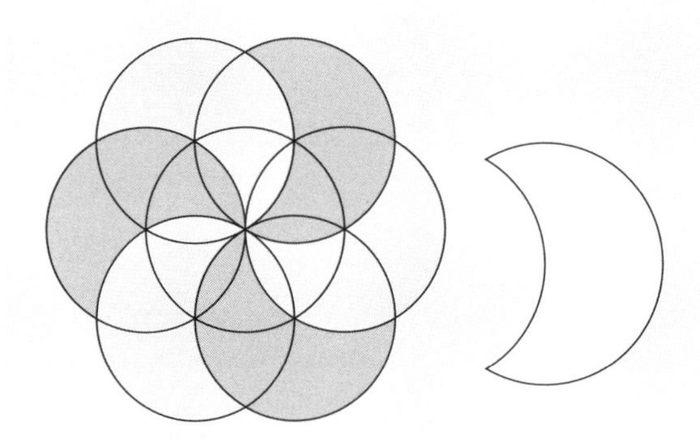

下の図のように120°のおうぎ形の面積から60°、30°の三角形の面積を
２つ取り去り、さらにそれを２倍したものを円の面積から引けば
求めることができます。

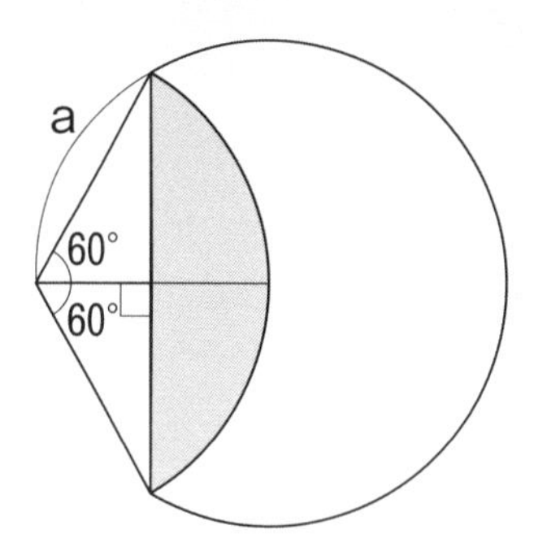

$$\pi a^2-2\overbrace{\left(\frac{1}{3}\pi a^2-\frac{\sqrt{3}}{4}a^2\right)}^{\text{弓型}}$$

$$=\pi a^2-\left(\frac{2}{3}\pi a^2-\frac{\sqrt{3}}{2}a^2\right)=\frac{1}{3}\pi a^2+\frac{\sqrt{3}}{2}a^2$$

これが６個あるので６倍します。

$$6\left(\frac{1}{3}\pi a^2+\frac{\sqrt{3}}{2}a^2\right)=2\pi a^2+3\sqrt{3}a^2=\underline{(2\pi+3\sqrt{3})a^2}$$

おわりに

「分数の割り算はなぜ割る数の逆数をかけるのか」「なぜ負の数×負の数は正の数になるのか」といった算数・中学１年の数学でよくある疑問にお答えするような形で始め、最後は東大の入試問題で終わりました。
中学数学を学び直してみて、いかがでしたでしょうか。
この本で私がお伝えしたかったことは、意味も分からずに公式を覚え、単に数値を当てはめて問題を解くといった方法ではありません。「等式の性質」「座標」「ピタゴラスの定理」など、古の数学者たちの偉大なアイデアを、読者のみなさまに味わっていただくことです。学生時代は「ふーん、そんなものか」で終わっていたような概念が、改めて見てみると人間の歴史を変えるほどのアイデアであったことに、共に思いをはせられたのならうれしいです。
また、この本では、江戸時代の庶民が楽しんだように、「数学を楽しむ」ことも目標にしました。したがって興味深い題材であれば、中学数学の枠も少し超えています。「素数」の問題や「鳩ノ巣原理」「背理法を用いた証明」などがそれです。この本をきっかけに、「数学の問題を解く」ことを、あまりお金がかからず、しかも奥の深い趣味として、楽しんでいただければ幸いです。
最後になりましたが、私にチャンスを与えて下さり、誤りの訂正、面白いアイデアの提案などでこの本を完成へと導いてくださった、ぱる出版の岩川実加氏に心からお礼申し上げます。

2020年11月

中島隆夫

索　引

あ行

アーベル……88
RSA暗号……36
アインシュタイン……96
アル・クワリズミ……71
移項……57
１次方程式……54
因数……27
因数分解……27
エラトステネスのふるい……32
円周角……134
円周角と弧の定理……142
円周角の定理……136
円周角の定理の逆……140
円周率……14
オイラー……34

か行

解……53
ガウス……88
加減法……63
傾き……110
カルダノ……87
ガロア……88
関数……90
カントール……88
九章算術……11
原点……97
項……22
合成数……36
恒等式……86

さ行

さっさ立て……67
座標……97
座標軸……97
座標平面……98
算額……20
瞬間速度……128
塵劫記……59
関孝和……15
接弦定理……147
接線の傾き……131
接線の長さ……144
切片……110
素因数分解……35
素数……32
算盤の書……11

た行

多項式……22

単項式……22
中心角……135
鶴亀算……66
ディオファントス……15
デカルト……15
等式……52
等式の性質……54

な行

内接四角形の定理……145
２元１次方程式……110
２次方程式……70
２次方程式の解の公式……80
ニュートン……91

は行

背理法……45
発微算法……15
鳩ノ巣原理……48
反比例……100
ピタゴラス……154
ピタゴラスの定理……154
微分する……132
比例関数……96
比例定数……96
ヴィエト……15
フィボナッチ……11
ブラーマグプタ……11
平方根……42
変化の割合……108
変数……90
方程式……53
放物線……121
母線……163

ま行

未知数……53
無理数……44
メルセンヌ……34
メルセンヌ数……34

や行

有理数……44
吉田光由……59

ら行

ライプニッツ……91
連立方程式……63

中島 隆夫（なかじま・たかお）

元、公立中学校数学教諭。現、公益財団法人日本数学検定協会認定プロA級コーチャー。神戸新聞文化センター数学講師。その他市民講座や近鉄文化サロンで市民向け数学講師を務める。
著書に『楽しい微積分』（東京図書、1995年）、分担執筆『実用数学技能検定準1級完全解説問題集』（丸善出版、2015年）などがある。

〇装丁　吉崎広明（ベルソグラフィック）
〇本文デザイン　精文堂印刷デザイン室
〇企画協力　NPO法人企画のたまご屋さん　宮本里香
〇編集　岩川実加

おとな数学塾（すうがくじゅく）

2021年1月13日　　初版発行

著者　中島隆夫
発行者　和田智明
発行所　株式会社 ぱる出版

〒160-0011　東京都新宿区若葉1-9-16
03(3353)2835—代表　03(3353)2826—FAX
03(3353)3679—編集
振替　東京　00100-3-131586
印刷・製本　中央精版印刷株式会社

ISBN978-4-8272-1262-4　C0041